国家社会科学基金项目"多情景模拟下统一碳交易对我国出口竞争力的传导效应评估与政策研究"（17BGL252）；教育部人文社会科学研究规划基金项目"中国碳配额交易机制情景模拟与福利效应测度"（16YJA790052）资助

经济管理学术文库·经济类

中国碳配额交易机制
情景模拟与福利效应测度

Scenarios Simulation and Welfare Effect Measurement of
China's Carbon Quota Trading Scheme

武群丽／著

经济管理出版社
ECONOMY & MANAGEMENT PUBLISHING HOUSE

图书在版编目（CIP）数据

中国碳配额交易机制情景模拟与福利效应测度/武群丽著 . —北京：经济管理出版社，2020.1

ISBN 978 - 7 - 5096 - 7040 - 8

Ⅰ. ①中…　Ⅱ. ①武…　Ⅲ. ①二氧化碳—排污交易—研究—中国　Ⅳ. ①X511

中国版本图书馆 CIP 数据核字（2020）第 021988 号

组稿编辑：张巧梅
责任编辑：张巧梅
责任印制：黄章平
责任校对：赵天宇

出版发行：经济管理出版社
　　　　　（北京市海淀区北蜂窝 8 号中雅大厦 A 座 11 层　100038）
网　　　址：www. E - mp. com. cn
电　　　话：(010) 51915602
印　　　刷：三河市延风印装有限公司
经　　　销：新华书店
开　　　本：720mm × 1000mm/16
印　　　张：15. 25
字　　　数：291 千字
版　　　次：2020 年 4 月第 1 版　　2020 年 4 月第 1 次印刷
书　　　号：ISBN 978 - 7 - 5096 - 7040 - 8
定　　　价：88. 00 元

前　言

碳配额交易机制的构建源自于经济主体的减排成本差异，其实质是将减排目标约束下的二氧化碳排放配额货币化为一种经济资源，并通过市场交易实现优化配置。低成本者超配额减排，并将结余的配额以高于内部减排成本的价格出售；高成本者超配额排放，并以低于内部减排成本的价格购买不足的配额。最终，经历市场交易后买卖双方福利水平均高于独立实现减排目标时的水平。目前，碳配额交易机制已经成为世界各国实现减排目标的重要手段。著名的交易市场包括欧盟碳排放权交易体系、美国加州碳排放交易体系、美国区域温室气体减排行动、澳大利亚碳排放交易体系和新西兰碳排放交易体系等。

中国自 2013 年开始陆续在 8 个省（市）推出碳排放交易试点，并在 2017 年底建立了仅针对电力行业的全国统一市场。中国最终的碳排放权交易市场应当覆盖哪些行业？如何规划减排目标和总量限额？排放总量应当以何种方式分配给控排主体？细节设计的差异会产生不同的福利效应。市场构建的复杂性要求我们必须对各种可能的交易模式展开深入的、细致的情景模拟以及科学的福利效应预判，这对于建成和完善中国统一碳配额交易机制无疑具有重要的理论和现实意义。

本书立足于对中国统一碳配额交易市场的多情景模拟，通过设计不同的控排主体、减排目标、配额方案等，来测度并比较市场均衡时的社会福利总量及其分布，以期发现碳市场运行的一般规律，为中国构建和优化碳配额交易机制提供借鉴。全书共三篇，分为 9 章内容。

第一篇是绪论篇，包括以下 3 章内容：

第 1 章为引言。对研究项目的选题背景及意义、主要研究内容、研究方法及创新性做了概要性陈述。

第 2 章为基本理论与政策实践。对碳交易市场的基本概念、理论渊源、构成要素、分配理论及体现在经济和环境上的福利变化进行了深入解析，并就各国目前针对碳交易市场的政策实践做了细致阐释。

第 3 章为文献综述。针对碳交易机制情景模拟技术和福利效应测度方法，对国内外相关研究文献进行了广泛的梳理和评述，为后续研究奠定了理论基础并提供了研究手段。

第二篇是行业篇，包括以下 3 章内容：

第 4 章为基于参数法的行业间碳交易情景模拟与福利效应测度。基于参数化的方向性距离函数构建了边际减排成本模型，依据 2005～2016 年中国 40 个工业大类行业的投入、产出数据，测算了各行业减排的成本与福利变化，并对造成行业差异的原因进行了深入分析。

第 5 章为基于非参数法的行业间碳交易情景模拟与福利效应测度。利用非参数法构建了基于面板数据的方向性环境生产前沿函数，测度了中国 36 个工业行业 2005～2015 年二氧化碳减排的边际成本及其变化趋势，并分析了各行业的异质性。

第 6 章为基于一般均衡法的行业低碳政策模拟与福利效应测度。通过构建计量及低碳政策的递归动态一般均衡（CGE）模型，分别从产出效应和环境效应两个角度测算并比较中国工业行业实行碳交易和碳税两种环境政策的福利效应。

第三篇是区域篇，包括以下 3 章内容：

第 7 章为基于参数法的区域间碳交易情景模拟与福利效应测度。利用参数化的方向性距离函数对中国 2006～2015 年 29 个省份的 CO_2 边际减排成本进行了测算，在模拟各省市减排成本曲线的基础上，设计了六种碳交易市场机制情景，并求解了交易均衡价格下的区域福利效应。

第 8 章为基于非参数法的区域 CO_2 影子价格测度。通过构建方向性环境生产前沿函数，利用非参数法求解了中国 29 个省份 2006～2015 年的 CO_2 影子价格，并据此将各省市划归为加速区、缓冲区和减速区三类区域，分析了 CO_2 减排对各区域 GDP 的不同影响。

第 9 章为基于一般均衡法的区域间碳交易情景模拟与福利效应测度。利用递归动态一般均衡模型及边际减排成本的省域分解技术模拟了中国 30 个省份的边际减排成本曲线，通过设计三种碳交易机制情景分别估算了均衡交易价格及省域福利效应。

全书最后是结语。对不同研究方法下的均衡结果和福利效应进行总结性比较，归纳碳配额交易市场机制设计的一般规律。

本书的完成感谢国家社会科学基金项目"多情景模拟下统一碳交易对我国出口竞争力的传导效应评估与政策研究"（17BGL252）和教育部人文社会科学研究规划基金项目"中国碳配额交易机制情景模拟与福利效应测度"（16YJA790052）的资助。

由于时间和水平有限，同时鉴于该问题研究的复杂性，书中可能有不准确的提法和缺陷问题，敬请各位专家、读者给予批评指正。

作　者

2019 年 8 月

目　录

第一篇　绪论篇

第二篇　行业篇

第三篇　区域篇

第一篇　绪论篇

第1章 引言

1.1 研究背景及意义

20世纪以来，人类经济社会的高速发展引发了严重的环境危机。根据政府间气候变化专业委员会（Intergovernment Panel on Climate Change，IPCC）2014年发布的对自然气候变化的第五次评估报告称，全球海陆表面平均温度在1880~2012年升高了0.85℃，整体呈线性上升趋势；并且在过去一个世纪里，全球的海平面因为冰层融化等原因已经上升了19厘米。随着全球变暖的程度加深，洪涝、干旱等气候灾害将更加频繁；另外，全球变暖导致的海平面上升，严重威胁着沿海地区的安全。

IPCC报告明确指出，二氧化碳的排放及累积是全球气候变暖的主要原因，目前大气中的二氧化碳的浓度已经达到过去80万年来的最高水平，因此，世界各国应严格控制温室气体排放，以此减缓气候变化和全球变暖。为了应对气候变化带来的潜在威胁，1992年联合国推出了《联合国气候变化框架公约》（*United Nations Framework Convention on Climate Change*，UNFCCC）（以下简称《公约》）。在《公约》的要求下，世界各国自1995年开始每年召开全球气候变化会议，共同商讨应对气候变化的对策。1997年的《京都议定书》由全球149个国家和地区的代表在日本京都商讨通过，规定了附件一中国家的温室气体减排任务。2009年的《哥本哈根协定》为国际社会树立了减排政策的基本框架。2015年的《巴黎协定》在巴黎气候大会上通过，要求各国加强应对全球变暖问题，将全球平均气温控制在比工业化前的全球气温高2℃之内，并为把升温幅度控制在1.5℃之内而努力，发达国家应在继续加强减排的同时，加大对发展中国家资金、技术的支持力度，以帮助后者尽快适应碳减排工作。

《京都议定书》中建立了三类不同的减排机制来遏制全球变暖：国际排放贸易机制（ET）、联合履约机制（JI）和清洁发展机制（CDM）。国际排放交易机制（ET）的原理是基于配额交易，允许发达国家之间相互交易碳排放权配额，即一个发达国家如果超额完成其减排义务，可以将多余的排放权以贸易的方式转让给另一个未能完成自身减排义务的国家，即附件一国家可以通过交易转让来以成本有效的方式获得温室气体排放权；联合履约机制（JI）是指附件一的发达国家之间通过项目投资合作达到减排目标，即减排成本较高的发达国家可以在减排成本较低的发达国家投资温室气体减排的项目，项目投资国可以通过该机制获得投资项目产生的减排单位（ERUs），从而用来实现其减排目标，而被投资国可以获得一定的资金和技术支持，从而促进本国的经济发展和人民就业；清洁发展机制（CDM）是指发达国家通过提供资金和技术的方式，与发展中国家之间进行温室气体减排项目的合作，通过项目减排工作实现的"经核准的减排量"（简称"CERs"）来实现其减排目标。在这三种机制下，以温室气体为交易标的的市场逐渐形成，由于温室气体中二氧化碳的排放量最大，所以通常将其称之为碳排放交易市场（以下简称碳交易市场）。

随着减排行动在全球的开展，温室气体市场化交易机制逐渐建立。2002 年，英国建立了全球第一个碳排放交易体系（UK ETS），2005 年欧盟排放交易体系（EU ETS）建立，成为全球首个跨国的碳排放交易市场，后来各国陆续出现了当地的碳排放交易体系，例如 2003 年建立的澳大利亚新南威尔士州减排交易体系（NSW GGAS）、同在 2003 年建立的针对美国东北部 10 个州发电厂的区域温室减排行动（RGGI）、2008 年建立的主要针对农业减排的新西兰碳排放交易体系（NZ ETS）、2012 年建立的覆盖美国加州所有主要行业的美国加州碳排放交易体系（CAL ETS）、2015 年建立的实行渐进性碳价格机制的澳大利亚碳排放交易体系（AU ETS）。

尽管我国作为发展中国家，即作为《京都议定书》附件一以外的国家，在第一承诺期内并未被强制要求进行温室气体的减排工作，但是随着我国的经济发展，中国已经成为世界上最大的能源消耗国和二氧化碳排放国，中国不得不面对"后京都"时代的减排压力。根据《BP 世界能源统计年鉴》，在 2016 年，全世界总计二氧化碳排放量为 33432 百万吨，而其中中国大陆排放二氧化碳就达到了 9123 百万吨，占世界排放量的 27.29%。作为有责任有担当的大国，也为了在国际社会做出表率，以及为了响应各届气候大会的相关要求，在 2007 年中国政府出台了《中国应对气候变化国家方案》，该方案制定了到 2010 年我国政府的具体减排目标、减排原则、减排的重点行业和相应的具体措施。中国政府在 2009 年的哥本哈根气候大会上承诺 2020 年中国的碳强度，即单位国内生产总值（GDP）

二氧化碳排放，将比 2005 年下降 40% ~ 45%。在 2014 年 11 月，国家主席习近平和美国总统奥巴马就气候问题联合发表了《中美气候变化联合声明》，其中我国首次提出二氧化碳排放量将于 2030 年达到峰值并将努力尽早达到峰值，同时继续提高新能源消费占能源消费的比例，力争在 2030 年之前将该比重提高到 20%。在 2015 年巴黎气候变化大会中，中国政府提出新的减排目标，即 2030 年的单位国内生产总值二氧化碳排放将比 2005 年碳强度下降 60% ~ 65%，并且中国将于 2030 年左右使二氧化碳排放达到峰值并争取尽早实现。在 2016 年，中国国务院印发了关于《"十三五"控制温室气体排放工作方法》，为了加快推进国内经济的低碳发展，中国政府提出新的减排目标为，到 2020 年的单位国内生产总值二氧化碳排放比 2015 年下降 18%。

我国的减排承诺直接量化了我国的碳减排责任。当前中国正处于经济高速发展的时期，经济增长对能源需求不断增强，如何平衡经济发展的问题与能源消耗、二氧化碳排放的环境问题，对于中国政府来说是重中之重。建立碳交易市场，在既定的减排目标下，允许碳排放权在市场内合理流通，充分利用市场机制来配置排放权资源，有利于以最低的减排成本实现既定的碳减排目标。2011 年，中国的北京、上海、广东、深圳、天津、重庆、湖北 7 省市开始开展碳排放权交易试点活动，为逐步建立全国性的碳排放权交易市场打下基础。截至 2017 年底，7 个试点碳市场共纳入 20 余个行业、近 3000 家重点排放企业和单位，累积成交量达到 2 亿吨二氧化碳当量，累积成交额达到 45.1 亿元人民币。

尽管中国碳交易试点成果显著，但是如何通过市场链接，建立全国统一的碳交易市场仍然面临重重困难。其中，碳排放权市场应当覆盖哪些温室气体？哪些经济主体应进入控排范围？如何规划减排目标和总量限额？排放总量应以何种方式分配给控排主体？配额能否跨期使用？是否安排价格干预机制？细节设计的差异最终会直接影响经济和环境的福利效应。正是由于市场构建的复杂性和影响的不确定性，中国原定于 2016 年建立的全国碳交易市场一再推迟。国家发改委指定的《全国碳交易市场配额分配方案（讨论稿）》也是不断修改。2017 年 12 月，国家发改委印发《全国碳排放权交易市场建设方案（发电行业）》，推进了全国碳排放权交易市场建设工作，全国碳排放交易体系由此正式启动。但是全国碳交易体系中纳入的行业从初定的石化、钢铁、有色、造纸、电力、化工、建材、航空 8 个重点排放行业减少到只有 1 个发电行业。因此，如何构建更科学的理论研究范式，对碳配额交易机制进行更多的、更细致的情景模拟和更深入的福利效应分析对中国建立和完善全国统一的碳配额交易市场无疑是必要的和紧迫的。

1.2　研究内容

本书依据中国 2005 年以来碳减排的经验数据，从学理角度系统模拟和预测了不同碳交易机制情景下，各交易主体及社会整体经济和环境的福利变化。为全面反映减排的影响，本研究立足行业和区域两个不同角度对碳交易市场进行了模拟和分析。同时，为避免模型选择可能对结论产生的误导，本研究在估算 CO_2 边际减排成本（或称影子价格）这一关键变量时，分别采用了参数、非参数和一般均衡三种方法，力求在彼此印证的基础上谨慎得出研究结论。全书分为 3 篇，共 9 章内容。

第一篇是绪论篇，包括以下 3 章内容：

第 1 章为研究概述。本章对研究项目的选题背景及意义、主要研究内容、研究方法及创新性作了概要性陈述。

第 2 章为基本理论与政策实践。本章对碳交易市场的基本概念、理论渊源、构成要素、运行规则及体现在经济和环境上的福利变化进行了深入解析，并就各国目前针对碳交易市场的政策实践做了细致阐释。

第 3 章为文献综述。本章针对碳交易机制情景模拟技术和福利效应测度方法，对国内外相关研究文献进行了广泛的梳理和评述，为后续研究奠定了理论基础并提供了研究手段。

第二篇是行业篇，包括以下 3 章内容：

第 4 章为基于参数法的行业间碳交易情景模拟与福利效应测度。本章基于参数化的方向性距离函数构建了边际减排成本模型，依据 2005～2016 年中国 40 个工业大类行业的投入、产出数据，测算了各行业减排的成本与福利变化，并对造成行业差异的原因进行了深入分析。

第 5 章为基于非参数法的行业间碳交易情景模拟与福利效应测度。本章利用非参数法构建了基于面板数据的方向性环境生产前沿函数，测度了中国 36 个工业行业 2005～2015 年二氧化碳减排的边际成本及其变化趋势，并分析了各行业的异质性。

第 6 章为基于一般均衡法的行业低碳政策模拟与福利效应测度。本章通过构建计及低碳政策的递归动态一般均衡（CGE）模型，分别从产出效应和环境效应两个角度测算并比较中国工业行业实行碳交易和碳税两种环境政策的福利效应。

第三篇是区域篇，包括以下 3 章内容：

　　第 7 章为基于参数法的区域间碳交易情景模拟与福利效应测度。本章利用参数化的方向性距离函数对中国 2006 ~ 2015 年 29 个省市的 CO_2 边际减排成本进行了测算，在模拟各省市减排成本曲线的基础上，设计了六种碳交易市场机制情景，并求解了交易均衡价格下的区域福利效应。

　　第 8 章为基于非参数法的区域 CO_2 影子价格测度。本章通过构建方向性环境生产前沿函数，利用非参数法求解了中国 29 个省市 2006 ~ 2015 年的 CO_2 影子价格，并据此将各省市划归为加速区、缓冲区和减速区三类区域，分析了 CO_2 减排对各区域 GDP 的不同影响。

　　第 9 章为基于一般均衡法的区域间碳交易情景模拟与福利效应测度。本章利用递归动态一般均衡模型及边际减排成本的省域分解技术模拟了中国 30 个省市的边际减排成本曲线，通过设计三种碳交易机制情景分别估算了均衡交易价格及省域福利效应。

　　全书的最后是结语。在此对不同研究方法下的均衡结果和福利效应进行总结性比较，归纳碳配额交易市场机制设计的一般规律。

1.3　研究方法

　　（1）文献法。通过广泛阅读和整理文献，本研究汇集了相关领域大量研究成果，为系统建立整体研究方案、构建理论模型和参数赋值等提供了可资借鉴的方法和信息。

　　（2）计量经济学方法。本研究利用多种计量经济学方法对行业和区域的边际减排成本曲线进行了拟合。

　　（3）仿真法。本研究利用参数、非参数及一般均衡等多种仿真技术，对行业和区域的 CO_2 边际减排成本、碳交易市场均衡价格以及碳减排造成的福利变化等进行了细致的仿真估算。

　　（4）比较法。比较研究主要应用于不同模拟技术下的 CO_2 边际减排成本比较、碳交易对不同行业的福利效应比较、碳交易对不同区域的福利效应比较以及不同碳交易机制设计情景下的福利效应比较等多个领域。

1.4　创新点

（1）碳配额交易机制情景模拟。我国碳市场正处于起步阶段，不同碳配额交易机制如何影响经济多属未知。本研究通过创新研究思路与方法，建立了多种碳市场模拟的科学范式，分析了不同情景下交易市场的均衡过程和均衡结果，深化了该领域研究，并丰富了相关理论。

（2）碳配额交易机制福利效应测度与比较。提升控排主体的福利水平是建立碳配额交易体系的最根本原因，也因此应当成为评价机制设计优劣的重要标准。本研究细致测度和深入比较了不同交易情景下各控排主体的福利效应，为建立和完善碳配额交易机制设计提供了依据。

第2章　基本理论与政策实践

2.1　碳配额交易概念

碳配额交易（Carbon Quota Trading）是指交易主体在指定市场进行碳排放配额买卖的活动，是通过市场化手段实现碳排放权资源优化配置的有效途径。1997年，《京都议定书》确定了联合履行机制（JI）、排放贸易机制（ET）和清洁发展机制（CDM），成为碳交易机制的制度基础。在碳交易市场中，所有控排交易主体首先被设定一个二氧化碳可排放配额总量，该总量是由政府根据一定时期经济发展状况、环境容量需求等宏观因素来决定的。之后，总排放许可会按照一定原则作为初始配额分配给各控排者，并由其依据所获得的排放配额安排生产和进行实际碳排放控制，各主体的最终排放量之和不允许超过提前设定的可排放总量。但是，个体控排者的排放量与初始配额可以不等，差额部分允许在个体之间进行买卖。排放量大于初始配额的主体，可以向市场上其他单位购买排放权，以避免超量排放的经济惩罚；排放量小于初始配额的主体，则可以向市场上的其他单位出售剩余配额来获得经济补偿。每个控排主体根据市场形成的碳交易价格和自身的减排成本选择最优排放量，并决定配额供给量或需求量。碳排放权交易不仅有效激励了技术先进、减排成本低的企业更多地进行碳减排，同时也降低了整个社会的总减排成本。

2.2 碳配额交易政策的理论渊源

2.2.1 庇古税

二氧化碳排放问题本质上是经济学上的一个外部性问题，碳排放的负外部性造成了在环境保护中资源配置的低效与不公。庇古税是控制环境污染负外部性行为的一种经济手段，起源于 20 世纪初经济学家庇古（Arthur C. Pigou）在其 1920 年出版的《福利经济学》中的概念。他认为，政府应按污染者生产活动所产生的边际社会成本对污染者征收等价的税额，使污染者不仅把私人成本纳入生产成本，而且把生产造成的外部性即污染的社会成本纳入其生产成本，将外部成本内部化，实现社会资源配置帕累托最优，称之为"庇古税"（1920）。如图 2 - 1 所示，在完全竞争市场条件假设下，排污者要实现利益最大化，就需满足边际成本 = 边际收益 = 市场价格，即 MC = MR = P 这一条件，而二氧化碳排放会带来负外部性，使得社会边际成本 MSC 大于私人边际成本 MPC，即曲线 MSC 在曲线 MPC 的上方。为了实现环境资源的合理配置和充分利用并使得其达到环境资源配置的帕累托最优状态，私人边际成本（MPC）与社会边际成本（MSC）必须相等即达到图中的 Q1 点。因此，为将负外部性成本内部化，政府可征收税额为 t 的碳税。

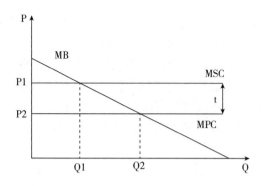

图 2 - 1　庇古税的经济学原理图示

从经济学角度看，庇古税更注重公平从而使资源配置更加有效合理。与行政命令减排等污染控制工具相比，庇古税的政策成本更低。

2.2.2 科斯定理

科斯在 1960 年发表的《论社会成本问题》中提出，只要将排污行为看作是一种归属明确的产权，并允许其在市场上进行交易，就可以实现整个社会减排成本最低，即在交易成本为零或者极小的情况下，明晰产权就可以实现环境资源配置的帕累托最优。

科斯定理主要由三组定理组成，科斯第一定理认为，如果交易费用为零，不管初始产权如何安排，当事人之间的谈判都会实现财富最大化，即市场达到帕累托最优。这意味着在经济社会中，任何原始形成的产权制度安排总是最有效的，然而这种情况在现实社会中并不存在，所以这也为科斯第二定理的出现奠定了基础。

科斯第二定理认为，在交易费用大于零的经济社会中，产权分配的不同会影响资源配置的效率。这意味着交易是有成本的，不同的产权界定制度下的交易成本不尽相同，因此资源配置的效率也会有差异，所以为了提高资源配置的效率，产权制度的选择显得至关重要。

科斯第三定理描述了产权制度的选择方法，认为如果不同产权制度下的交易成本相等，则制度本身成本的高低能决定产权制度的选择，若某一种产权制度非建不可，且这种产权制度不同的设计实施方式会带来不同的成本，那么这种成本也须考虑。若某一种产权制度设计和实施的成本大于实施的收益，则该项制度没有建立的必要，最后，如果即使现存制度不合理，若某一项产权制度建立的成本无穷大或建立的收益小于成本，那么这项产权制度的改革是没有必要的。

然而，作为一种公共资源，大气资源产权很难明确，于是根据科斯定理国际政府之间通过谈判将排放额度进行分配，使温室气体排放权成为一种稀缺资源，并通过建立许可额度的碳交易市场，竞争性形成碳排放权的交易价格，从而建立了一种处理环境外部性问题的有效方式。

显然，科斯定理更加注重效率问题，借助于市场的力量实现社会效益的最大化，在一定程度上与庇古税有互补之处，两种方式可以相互组合以实现帕累托最优。

2.3 碳配额交易市场的构成要素

碳配额交易市场一般包含以下构成要素：

（1）交易气体种类。《京都议定书》规定，国家间联合应对气候变化框架覆盖六种温室气体，每种气体按照引起全球变暖的潜能折算为 CO_2 当量，对其总值进行减排统称碳减排。实践中，各国根据经济和环境的实际情况将不同气体纳入交易范围。欧盟碳排放交易体系（EU ETS）在第一阶段交易气体仅限于 CO_2，第二阶段扩大到氧化氮和全氟碳化物等其他温室气体。新西兰碳排放交易体系（NZ ETS）、美国区域温室气体减排行动（RGGI）和美国加州碳排放交易体系（CAL ETS）目前交易范围覆盖所有温室气体。中国试点的 7 个省市仅针对 CO_2 交易。

（2）控排主体范围。发达国家的交易实践基本都经历了一个控排主体范围逐步扩大的过程。EU ETS 第一阶段主要涵盖电力等能源密集型行业，之后逐步扩大。CAL TES 2012 年成立之初控排范围仅限于年排放量在 25×10^{15} 吨 CO_2 当量以上的少数企业，2015 年扩大到覆盖加州六种温室气体总量的 85%。RGGI 主要针对发电量在 25 兆瓦以上的化石燃料电厂。中国试点省市也都根据各自的行业结构特点选择了不同行业或企业纳入控排范围。

（3）总量配额。碳排放的总量配额取决于具体的减排目标，需要考虑环境容量、经济发展和技术进步等各种因素。联合国政府间气候变化专门委员会（IPCC）报告，如果 2050 年全球温室气体浓度稳定在 450ppm CO_2 当量，则有 50% 的可能性地球升温控制在 2℃（简称 450 目标，IPCC 同时规定有较低的 550ppm CO_2 当量和 650ppm CO_2 当量目标）。国际能源署（2009）研究表明满足 450 目标条件下，中国 2020 年碳排放总量相对于 2007 年将增加 38%。各发达国家根据 450 目标提出了相应的减排路线图（傅加峰，2010）。由于中国不属于《京都议定书》附件一中的国家，没有绝对减排要求。因此，中国提出至 2020 年碳强度相对于 2005 年下降 40%～45%（以下简称 2020 目标），以及 2030 年下降 60%～65%（以下简称 2030 目标）的相对减排目标，以及在 2030 年碳排放总量达到峰值的承诺。

（4）配额分配。减排目标约束下的排放总量一般按照免费、拍卖、固定价格及混合分配等原则分配给控排企业，其中免费部分又分为按照历史排放水平和按照行业基准线分配两种。一般认为免费配额更适用于短期，因为稀缺租分配给私有部门，可以减少经济波动（Stavins R.，2008）。但这显然违背了"污染者付费"原则（王清华，2013），因此长期内拍卖具有更高效率（EU. Guidence document No. 2，2014）。免费配额适用于历史法还是基准法，主要取决于行业特点和市场特征（丁丁、冯静茹，2013）。在实践中，EU ETS 前两阶段免费配额按照历史法分配，第三期为提高效率规定拍卖配额占比至少达到 50%，免费配额的分配原则也改为按照先进设施的排放效率设定行业基准线。RGGI 全部配额都通过拍卖方式发放，中国试点省市目前基本采用免费配额，少量拍卖部分主要为实现履约要求。

（5）配额储蓄与价格干预。EU ETS 和 AU ETS 允许第二期配额储蓄并在第三期跨期使用，这样在一定程度上避免了期末配额集中出售引起的价格波动（张益刚、朴英爱，2015）。同时，AU ETS 在 2015 ～ 2018 年对排放权价格进行了浮动区间控制。欧盟则提议从 2021 年开始建立一个"市场稳定储备机制"，通过对过剩配额的收储与投放稳定碳价（刘慧，2015）。

2.4 碳配额分配理论

2.4.1 配额分配的原则

初始碳排放配额分配制度是碳交易体系的核心，配额分配是否合理将直接影响到企业的减排积极性和持续性。因此，政府应该根据碳交易市场上减排主体自身的减排成本和实际条件，兼顾配额分配对于减排主体的公平性、效率性和可接受性等，并制定合理的分配方案。

根据《全国碳排放权交易管理条例》送审稿，我国国务院规定国内碳排放权交易及配额分配将以行政区域为单位来划分，即初始分配机制以省市为单位。省域之间的配额分配则可以有不同的选择：如果考虑各省经济实力，可以根据各省市 GDP 总量来分配初始配额；如果考虑每个人的公平性，则应当根据各省市的人口总数来分配；如果考虑对经济的影响，则应当根据各省市历史排放量来分配初始配额。目前，虽然国际上并没有普遍公认的合理方案，但许多碳排放权分配原则已经被提出。

（1）效率和公平原则：配额分配的公平原则包括了地域、行业、企业规模等不同维度上的公平。如果考虑效率最大化原则，即企业以最小的成本来实现最大的减排目标，那么就应该在较小的边际减排成本的行业中进行减排，配额分配上倾向于技术水平高的企业，以此达到资源最优配置。兼顾效率和公平两者的配额分配机制才是最佳的。由于中国各省市的经济发展并不均衡，东部沿海地区经济发展水平高，而内陆地区和西部地区仍处在城市化工业化的进程中，因此，在配额分配的时候，地域公平应当占据主要地位。同时，还要考虑到不同行业的收益对成本的敏感程度不同，为了引起较少的经济波动，针对其采取的配额分配方式也应该不同。对于同一行业内的不同企业，也应公平对待，不因其规模大小或进入市场时间的差别而分配不同配额。

（2）市场竞争力保护原则：碳减排政策的推行必定会逐步增加企业的运营成本，而减排带来的收益却是全社会共享的。根据国外经验，水泥、钢铁、石油、电力等传统制造业和贸易敏感型行业往往会受减排冲击比较大。尤其是在碳排放权市场建立的初期，容易导致传统制造业和贸易敏感型行业投资减少，产量萎缩，就业缩减。在这方面，美国清洁能源与安全法案规定可以通过免费分配部分配额、给予进出口津贴和降低税率等方式来为这部分企业提供帮助，这一做法值得中国政府借鉴。同时，企业自身也应优化生产和管理结构，提前做好减排准备。

（3）总体目标实现原则：环境效应和二氧化碳总量减排是设计配额分配制度的最终目标，当减排企业被超额分配了碳排放权，或者当市场碳配额总量供过于求，导致排放成本下降时，政府就难以实现节能减排的目的。2009 年以来欧盟碳排放权交易体系就出现了类似问题，配额供给持续扩大，减排目的未能实现。

2.4.2　配额分配的方法

国际上普遍遵循的配额分配方式主要包括免费分配、拍卖、固定价格销售以及混合分配法等。

在免费分配的情况下，政府会根据特定计算方法为企业免费分配碳排放权配额。计算方法包括祖父制、移动平均制和基准线制。祖父制是基于企业在过去一段时间的历史排放量来进行分配，适合新型的碳排放权交易市场。移动平均制则是以最近 2～3 年内排放量的平均值为基础来分配，适用于受市场供求影响较大的企业，但由于对数据要求较高，基于这一方法的免费配额的研究和实践较少。基准线制是基于当期企业内碳排放强度来进行分配，在行业内具有较强的公平性。

国际上现行的温室气体排放权配额分配就是依据《京都议定书》中确立的"祖父条款"，其核心是以 1990 年为基准年，以该年的排放量为基准排放量，不考虑未来的排放需求。配额分配机制中"祖父法"的主要优点是：配额免费发放能刺激市场主体参与交易的积极性，避免了排放主体抵制参与交易。因为分配给特定排放主体的排放权数量是以其历史排放水平为基准来分配的，即使不进行市场交易，配额也可以大体上满足企业的生产需求，不会对企业未来的经营带来过大的冲击。如果企业降低了排放，企业还可以出售剩余的排放权配额来获得利润，使得企业能够充分享受碳交易市场的灵活性。基于以上这些优点，免费发放配额"祖父法"成为各国政府在碳交易市场设立初期接受程度最高的配额发放方式，有效地避免了对经济生产造成较大冲击。但是在欧盟碳交易市场的 7 年实践过程中，这一方法也暴露出了不少问题。第一，企业历史排放总量主要以企业自报为依据，或者由当地政府进行总体核算，这两种情况都容易导致企业虚报历史排放量。第二，如果企业在碳交易市场设立前就开展了减排行动，反而会导致自身获得配额量减少，也会打击企业自主减排的积极性。第三，不同行业不同地区在一国排放量中占比差别很大，相应地减排潜力也有区别，祖父法的分配方式没有考虑减排潜力的差异化，不能很好地调动企业减排的积极性，难以充分有效地配置资源。第四，在免费发放的情况下政府自上而下地确定配额数量，在初期往往会产生配额发放过多的情况，难以保证减排目标的实现，政府在后期往往再调整配额总量。由此，交易价格会产生较大的波动，不利于市场参与者进行稳定交易。

通过拍卖的方式来分配配额，在公平和效率方面比免费发放祖父法有所进步，可以使得碳交易市场更好地有效配置资源。拍卖法相比于免费发放祖父法有以下优点：第一，在拍卖的情景下，政府能够更好地基于整体减排目标来提供稳定的政策框架，有利于市场参与者进行稳定预期，合理安排减排行动。第二，拍卖法能够鼓励企业对减排技术进行研发和推广，因为企业自主减排的行为可以降低自身购买配额的成本，由此对于减排行动更具有积极性，不存在免费配额情况下对自主减排企业的打击。第三，拍卖发放配额使得政府获得拍卖收入，可以用来支持不发达地区的减排行动或鼓励新能源或先进技术的开发等。第四，拍卖中形成的价格能够有效地反映减排主体对于配额的需求程度，提供了排放配额的成本参考，能够引导减排资源的优化配置。拍卖法虽然更符合"污染者付费"的原则，但是需要参与企业拿出实际货币来购买配额，企业会有较大的抵触心理。同时，在公开拍卖制度下，规模大的企业更愿意，同时也更有能力为配额竞拍，往往处于相对垄断的地位，有一定的自由定价能力。规模小的企业会被动面临排放权价格，一旦拍卖价格过高，同时企业内部又无力通过技术手段减排，小企业将不得不缩小生产规模，面临更加激烈的竞争。所以，小企业往往不愿意接受拍卖制度。现实中拍卖法的实际应用相对较少，目前的实践经验主要来源于美国区域温室气体减排行动和欧盟碳排放权交易体系。

固定价格销售制度往往被作为配额分配的补充性措施，不常见于碳交易市场中。澳大利亚曾引入了固定价格购买法，在2012～2015年为配额价格固定期，参与主体向政府购买超出部分的排放权额度。在2015年以后，澳大利亚才慢慢过渡到市场交易价格。澳大利亚之所以采取这一策略，是由于欧盟碳交易市场在建立初期遭遇了剧烈的碳价波动，考虑到这一风险，于是采取了循序渐进的、逐步市场化的定价策略。这种方法有利于稳定价格，避免碳价的大幅波动，但如何确定合理的固定价格则是一个棘手的问题。

综合各种方法的优劣，新西兰根据本国的行业特点，对不同的行业采取不同的配额分配标准，实行了一种新的以行业为基准的混合配额分配方案。对于出口工业、渔业、林业这三个行业，碳排放密度相对其他行业较大，政府将免费为其发放配额，而其他碳密度相对较小的行业，则需要从市场或政府手中购买排放权配额。这种方法结合了几种分配方法的优点，但是政策的复杂性会带来政策实施和政府监管的难度。

对于中国来说，新型的全国统一碳排放权交易市场正在开始建立，应充分借鉴国外的配额分配经验，随着时间推移循序渐进，不断更新合适的碳配额分配制度，在实现碳减排目标的前提下，充分考虑到现有企业的接受能力，并注重保护业务快速增长的新兴企业。

2.5 碳配额交易市场的福利测度

碳配额交易机制的构建源自于经济主体的减排成本差异，其实质是将减排目标约束下的 CO_2 排放配额货币化为一种经济资源，并通过市场交易实现优化配置。低成本者超配额减排，并将结余的配额以高于内部减排成本的价格出售；高成本者超配额排放，并以低于内部减排成本的价格购买不足的配额。最终，经历市场交易后买卖双方经济福利水平均高于独立实现减排目标时的水平。因此，福利效应是构建和完善碳配额交易机制的主要依据，Montgonery W. D. （1972）指出配额交易的福利效应是交易价格因高于出售者减排成本和低于购买者减排成本而节约的社会总成本。依此，经济福利效应测度需要估算交易者边际减排成本和拟合交易价格。

2.5.1 边际减排成本估算

边际减排成本一般会通过估算污染物影子价格的方法得到。早期研究者利用生产函数和成本函数通过参数估计得到污染排放的影子价格（Aigner D. & Chu S. F. 1968；Pollak R. A. et al, 1984）。之后，Färe 等（1993）、Coggins & Ssinton（1996）等将影子价格概念转化为降低一单位污染物排放造成的产量损失，并利用 Shephard 距离函数进行估算。相比之前的方法，Shephard 距离函数降低了对数据信息的要求，但期望产出和非期望产出同比例缩放的约束仍脱离现实。为此，研究者利用参数或非参数的方向性距离函数克服这一缺陷，该方法允许污染物减排的同时增加产出（Cuesta, 2009；Kaneko et al. , 2009；汪克亮、杨宝莲，

2011；陈诗一，2011）。除了上述计量模型，近年来一些学者考虑到碳交易价格因进入企业生产成本，进而与产品生产、消费、贸易等经济子系统可能形成的相互作用，利用系统仿真方法求解边际减排成本。系统仿真模型一般分为三类：一类是自上而下的可计算一般均衡模型 CGE（Klepper G. & Peterson S.，2006；牛玉静、陈文颖，2013；姚云飞，2012；吴立波，2014），该类模型充分考虑了宏观子系统的详细结构，具有较高的仿真性，但缺点是无法估计生产部门的技术细节，几百个参数的赋值没有统一标准，同时相比计量模型可以分析不完全竞争和经济非均衡的情况，CGE 模型仅限于完全竞争市场的均衡分析。第二类系统仿真模型是自下而上的能源系统模型（Blanchard O. et al.，2002；Loeschel A. et al.，2002），该类模型关注能源部门内部成本有效的技术替代，但由于将能源需求作为外生变量，该模型忽视了能源部门与其他宏观子系统之间的联系和互动。第三类模型属于耦合模型，它主要是通过耦合自上而下和自下而上模型建立的（高鹏飞等，2004；温丹辉，2014）。

2.5.2 交易价格模拟

碳交易市场价格一般通过计量模型或闭合的系统仿真模型模拟，Barker 等（2006）利用宏观计量模型模拟了全球实现 IPCC - 550 目标情景下，考虑和不考虑技术进步时 2020 年的碳交易价格分别为 51.7 美元/t CO_2 和 88.1 美元/t CO_2。Kemfert C. & Truong P. T.（2007）利用一般均衡模型，模拟了 IPCC - 650 目标下，全球针对 CO_2 和多种温室气体的交易价格在 2020 年将分别达到 24.2 美元/t CO_2 和 12.1 美元/t CO_2。IIASA（2007）利用能源系统仿真模型模拟了 IPCC - 470 和 IPCC - 480 两种减排交易情景下的全球碳价。

2.5.3 福利效应测度

在减排情景确定时，一旦形成交易价格就可以通过计算价格与交易各方自主减排成本的差额进行经济福利效应测度。UBS SAL（2009）估算了碳交易价格对 300 多家企业的盈利影响，PCGCC（2011）分析了美国温室气体排放交易体系对制造业福利的影响。

图 2 - 2 在已知交易主体边际减排成本曲线和市场均衡价格的情况下，给出了一种比较简单的经济福利测度方法。MAC_1 和 MAC_2 分别是两个参与者的 MAC 曲线。横轴代表二氧化碳减排量，纵轴代表二氧化碳的边际减排成本，MAC 曲线下区域的积分面积代表减排量为 Q 时的总减排成本。

在碳交易进行之前，参与者 1 的强制减排量为 Q_1，对应的边际减排成本为 P_1，即 MAC_1 上的 A 点。此时，参与者 1 独立完成减排任务的总成本为 OAQ_1 的面积，其面积计算公式为：

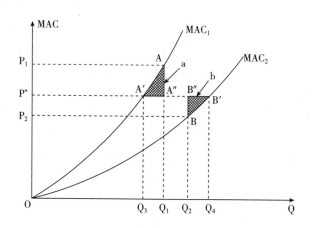

图 2 - 2　边际减排成本曲线

$$TC_1 = \int_0^{0Q_1} MAC_1 dQ$$

类似地，在碳交易进行之前，参与者 2 的强制减排量为 Q_2，对应的边际减排成本为 P_2，也就是 MAC_2 上的 B 点。因此，参与者 2 完成减排任务的总成本为 OBQ_2 的面积，其面积计算公式为：

$$TC_2 = \int_0^{0Q_2} MAC_2 dQ$$

在市场上进行碳交易后，市场均衡价格为 P^*，介于 P_1 和 P_2 之间。此时，参与者 1 根据 MAC_1 曲线会选择的最佳减排量为 Q_3，少于原来的强制减排量 Q_1。因此，参与者 1 为完成 Q_1 的减排任务，必须成为碳交易市场的需求者，并在碳交易市场上购买排放权 Q_3Q_1，支付成本为 $A'Q_3Q_1A''$，对应的总减排成本为 $OQ_1A''A'$，比参与碳市场之前的减排成本少 $AA'A''$（阴影部分 a）。这意味着参与者 1 相比自主减排时经济福利增进了阴影部分 a。类似地，参加碳交易之后，参与者 2 根据 MAC_2 曲线会选择的最佳减排量为 Q_4，大于原来的强制减排量 Q_2。因此，如果仍然只要求参与者 2 完成相当于 Q_2 的减排任务，则参与者 2 可以成为碳交易市场的供给者，在碳交易市场上卖出排放权 Q_2Q_4，并获得销售收入为 $B''Q_2Q_4B'$，对应总减排成本为 $OB'Q_4 - B''Q_2Q_4B'$，比参与碳市场之前的减排成本少 $BB'B''$（阴影部分 b）。这意味着参与者 2 相比自主减排时经济福利增进了阴影部分 b。表 2 - 1 详细列示了两个参与者在碳市场交易前后的福利变化。

表 2 - 1　碳交易市场的福利分析

	参与者 1（配额需求方）	参与者 2（配额供给方）
强制减排量	Q_1	Q_2
交易之前的总减排成本	$\int OAQ_1$	$\int OBQ_2$
交易值	$(Q_1 - Q_3)P^*$	$(Q_4 - Q_2)P^*$
交易之后的总减排成本	$OQ_1A''A'$	$OB'Q_4 - B''Q_2Q_4B'$
福利所得	a	b

2.6　碳配额交易政策实践

2.6.1　国际碳配额交易政策实践

目前，碳配额交易已经成为世界各国实现减排目标的重要手段，当前世界上著名的碳排放交易体系包括欧盟碳排放交易体系（EU ETS）、美国加州碳排放交易体系（CAL ETS）、美国区域温室气体减排行动（RGGI）、澳大利亚碳排放交易体系（AU ETS）和新西兰碳排放交易体系（NZ ETS）等，最具有代表性的碳交易市场发展情况如表 2 - 2 所示。

目前，全球碳交易市场主要可以分为以项目为基础的市场和以配额为基础的市场两类。以项目为基础的碳市场主要以联合履行机制（JI）和清洁发展机制（CDM）为主要形式，市场主体是减排单位和认证主体。基于配额的交易市场以排放许可权交易为主要内容，又可以分为强制性交易和自愿减排交易两种主要形式。强制性交易市场的参与主体主要是《京都议定书》中有减排义务的国家，通过碳市场上的交易平台开展配额交易，代表性的碳交易市场有欧盟碳排放交易体系（EUETS）和美国西部气候倡议（WCI）等。对于自愿减排交易市场，排放权的买方通常是一些为履行社会责任而自愿减排的大规模企业，代表性的市场有美国芝加哥气候交易所（CCX）和日本自愿碳排放交易体系。

欧盟是第一个国际性碳交易平台，也是现阶段规模最大的全球性碳交易市场。欧盟自 2005 年起开始实施碳交易制度，经过 10 多年的发展，现已成为影响范围最广、发展最为成熟的碳交易市场，并且已经完成规划中的前两个阶段（2005～2007 年和 2008～2013 年），现已步入第三阶段（2014～2020 年）。在欧盟碳交易体系中，关注的行业主要是碳排放量高的行业，如石油、煤炭、钢铁、电力等行业。在配额分配方面，拍卖配额的比例逐渐提高。

芝加哥气候交易体系（Chicago Climate Change），简称 CCX，2003 年成立于美国芝加哥。CCX 是一种新型的自愿性碳交易平台，各企业遵循自愿原则加入其中，采用互联网为主要交易平台，参与企业则以注册会员的方式加入其中。

日本碳交易体系则独具特点，分为国家级和地方级两大类交易市场，各层级交易系统相互独立，目前并未形成统一运行的体系。这一分层机制设计的原因在于各地区经济发展与碳减排目标有较大差异，有利于各地方政府根据各地情况制定政策目标，但同样地，不利于中央政府发挥整体调控的作用，不利于资源的充分流通。

区域温室气体减排行动（RGGI），是美国针对东北部 10 个州的发电行业的减排行动，是少数的只包含一个行业的温室气体排放交易市场。其中，配额大多数通过拍卖的方式发放，少数配额由政府定价出售，作为拍卖发放的补充方式。

作为一个新兴市场，近年来国际碳交易市场的规模不断扩大。全球碳交易市场在 2015 年的碳交易数量已经达到 61.98 亿吨 CO_2 当量，对应的成交金额达到 828.73 亿美元。

表 2-2　国际主要碳交易市场发展阶段及机制设计

碳交易体系	碳减排目标	交易主体	分配方式	交易客体
欧盟碳交易体系（EUETS）	到 2020 年温室气体排放较 1990 年减少 20%	能源密集型行业、航空、化工、制氢、电解铝	祖父法与拍卖相结合，免费配额比例逐渐下降	欧盟排放许可（EUA）1 吨二氧化碳当量
区域温室气体减排行动（RGGI）	2020 年碳排放量较 2000 年下降 10%	2015 年之前为大型工业、电力行业；2015 年之后将民用、交通和其他工业领域加入	开始时免费分配与拍卖相结合，目前几乎全部拍卖	《京都议定书》规定的六种温室气体及三氟化氮、其他氟
日本东京都排放权交易体系	2020 年温室气体排放量较 2000 年下降 25%	城市办公建筑业	祖父制免费发放，且免费配额比例逐年降低	二氧化碳
澳大利亚碳排放交易体系（AU ETS）	2020 年温室气体排放量较 2000 年降低 5%，2050 年降低 80%	能源、交通、工业、矿业	免费分配与有偿分配相结合	二氧化碳、甲烷、二氧化氮、炼铝过程中产生的氢氟碳化物

2.6.2 中国碳配额交易政策实践

为应对气候变化和实现经济低碳转型，我国在"十二五"规划中明确提出逐步建立碳排放权交易市场。目前，我国在国际上参与的主要是清洁发展机制（CDM），现已成为 CDM 项目的最大供应方。根据世界银行测算，中国可供的 CDM 项目占世界总需求的 50% 以上。我国自 2011 年起开始探索碳交易市场的建立，并开展碳交易试点。2013 年 6 月 18 日，我国第一个碳交易试点——深圳碳交易试点正式运行。随后，北京、天津、上海、湖北、重庆、广东碳交易试点陆续启动。随着碳交易试点工作的不断开展，中国目前已成为全球第二大碳交易市场。2017 年年底，中国启动了全国碳排放交易体系。

碳配额交易市场机制一般包括总量设置、配额分配、覆盖范围以及惩罚机制等内容。对于行业覆盖范围，由于中国各地区经济发展和行业结构的差异，各试点省市纳入交易体系的行业类别也不同，但几乎都覆盖了电力、热力、建材、水泥、石化、钢铁等高耗能行业。广东省碳交易市场覆盖行业较为集中，仅有电力、钢铁、水泥和石化四个行业，相比之下，上海和深圳纳入行业较为分散。各试点地区具体行业覆盖范围如表 2-3 所示。

表 2-3 中国碳配额交易试点覆盖行业范围

地区	覆盖行业范围
北京	电力、热力、制造业、建筑业以及其他工业
天津	钢铁、石化、化工、电力、热力、油气开采既有产能
上海	钢铁、石化、化工、电力、有色、建材、纺织、造纸、航空、港口、机场、铁路、商业、金融等 16 个行业
湖北	钢铁、化工、水泥、电力、有色、玻璃、造纸等高能耗、高排放行业
重庆	电解铝、电石、铁合金、烧碱、钢铁、水泥等高能耗行业
广东	电力、钢铁、水泥和石化四个行业，再逐步在第二阶段扩展到陶瓷、纺织、有色、塑料、造纸等工业行业
深圳	工业、交通业及建筑业

对于配额分配，当前主要的配额分配方式有拍卖和免费分配两种方式，免费分配又可以分为历史排放量法和历史强度法。在我国"两省五市"碳交易试点体系中，只有天津、广东、深圳三地采取了免费发放与拍卖相结合的方式，三地有偿配额比例分别为 5%、3% 和 10%。而北京、上海、湖北和重庆在试点期间则采取了配额全部免费发放的政策，在免费配额发放方式上，大部分试点地区侧

重采用历史法（"祖父原则"），如北京、广东、湖北和重庆。各地在充分考虑了不同行业的发展特点的基础上，针对不同行业制定了不同的免费配额分配方法，详情如表2－4所示。

表2－4 中国碳配额交易试点免费配额分配方法

地区	免费配额分配准则
北京	历史排放法：制造业、其他工业和服务业 历史强度法：供热企业和火力发电行业
天津	历史排放法：钢铁、石化、化工、油气开采既有产能 历史强度法：电力和热力
上海	历史排放法：除电力以外的工业和建筑业 历史强度法：无
湖北	历史排放法：除电力以外的工业 历史强度法：无
重庆	根据历史量与主管部门核定碳排放水平
广东	历史排放法：水泥和钢铁行业部分生产流程、石化 历史强度法：无
深圳	历史排放法：无 历史强度法：部分电力企业

从目前碳交易市场规模看，2016年底中国二氧化碳核证自愿减排量（CCER）的交易总量达到3955万吨，交易金额约为10.9亿元，各省市平均价格区间为18.24元/吨CO_2 ~ 52.68元/吨CO_2。2017年年底，7个试点市场加上最近刚刚建立的福建碳交易市场已经累计完成1.35亿吨的碳排放权交易量，交易金额约达到27.64亿元，平均交易价格32.20元/吨CO_2。比较2016年和2017年的交易情况，试点市场的排放权交易总量在短短1年内增长了2.4倍，表明中国目前碳交易市场的发展潜力十分深厚。

第3章　文献综述

在世界各国政府均非常重视环境污染物的排放与治理，积极提出相应减排政策的同时，学术界对污染物减排问题也抱以巨大的研究热情，关注内容涉及配额分配原则比较、边际减排成本估算和福利效应测度等广泛领域。

3.1　初始配额分配原则

无论是全球范围内的减排活动，还是一国内的二氧化碳减排活动，排放权初始分配问题都是减排活动的基础和核心问题。配额分配的本质是对排放权这一稀缺资源进行的再分配，根据科斯定理，在一个交易成本为零或者可以忽略不计的完全竞争市场上，无论资源的初始分配形式如何，最终都会达到最有效率的均衡状态。在这种理想情景下，一些学者认为碳排放权的初始分配原则对碳交易市场的效率没有影响。Hahn 和 Stavins（2011）验证了在多种分配方式下，碳交易市场总能达到最有效率的减排成本。因此，提出配额的初始分配方式并不影响碳交易市场的总效益。

但是在实际非完全竞争的碳排放权交易市场中，交易成本无法忽略不计。作为不完全竞争市场，排放权的初始分配会影响交易的市场效率及参与者福利。如何更加公平地对碳交易市场参与者进行初始配额的分配，以有效地实现减排目标是一个非常重要的问题。Tietenberg（2000）提出在总量控制交易体系下，最广泛采用的配额初始分配方式为祖父法（根据历史排放量免费分配）和拍卖法。其他一些分配方式还包括 Fischer（1994）提出的基于产出的免费分配，Kverndokk（1995）提出基于人口数量的免费分配，Camacho – Cuena（2012）提出免费分配和拍卖法相结合的复合分配方法等。Bohringer 和 Lange（2003）研究了基于历史排放和历史产出两种分配方式后认为，在闭合贸易系统中，基于历史排放的分配准则优于历史产出准则，而在开放的贸易系统中，两种分配方式相结合更好。Tang（2015）基于 Multi-agent 模拟不同分配方式的政策效果发现，基准线法比祖父法产生更强烈的政策效果。Hübler（2016）等通过比较全部配额免费发放与全部配额拍卖两种情景发现，虽然两者会产生相似的影响，但是后者比前者对碳交易部门造成的产量损失更大。基于免费配额比例，Li 等（2016）运用动态 CGE 模型建立了 10 种碳交易情景。结果表明，免费配额比例对 GDP 等宏观经济指标不会产生明显的影响，但碳交易价格会随着免费比例的下降而提高。Lin 等（2017）分析了排污权交易配额的递减准则对宏观经济和环境的影响，结果表明历史排放量准则有利于促进社会减排，而历史强度准则则更有利于促进资源优化配置。

国内的学者在国外的研究基础上，提出了关于初始配额机制的更多不同角度的研究方向。李凯杰等（2012）采用了均衡分析框架分析了免费分配、拍卖分配和混合分配三种初始分配的经济效应。丁丁等（2013）则定性地从对减排主体影响、市场公平性和减排成本三个维度分析了免费分配和拍卖分配两种机制的差别。宣晓伟（2013）通过分析国际上各个排放权交易市场的实践经验，对国内碳交易市场开展碳排放权分配提供启发。潘勋章（2013）等认为目前对排放权分配方案的研究大多侧重于排放权在各国国内的排放主体之间的分配，而对国家间的减排成本研究相对较少。因此，重点分析了典型的 12 种配额分配方案对各国间的排放权分配和减排成本的影响。孙振清等（2014）指出政府和企业在碳配额分配上存在信息不对称的问题，企业为多获取初始配额会高报碳排放量，或者企业为不纳入交易体系而不上报真实数据，政府则很难对其进行监管。张益纲（2015）针对世界主要的碳排放交易体系，如欧盟、美国、澳大利亚等来分别研究其配额分配方式的发展演变。研究结果表明，采用免费分配方式在排放权体系建立的初期更有利于保证经济增长。但同时，拍卖分配也是未来实现更高减排效率的必然选择。吴洁等（2015）采用了多区域能源—环境—经济 CGE 模型来分析不同的初始配额分配方式下，碳市场对各地区宏观经济和重点减排行业的影响，并得出不同行业应该采取不同分配机制的结论。时佳瑞（2016）基于动态递归 CGE 模型比较、基于产出和历史排放的免费配额准则发现，基于历史排放量的配额分配方式会造成更大的经济损失。

3.2 边际减排成本估算

CO_2 边际减排成本，指的是减少一单位非期望产出 CO_2 排放所导致的期望产出减少的机会成本。一般有两类估算方法：一类是基于宏观经济—能源模型的估算法，另一类是基于微观生产效率模型的估算法。

3.2.1 宏观经济—能源模型

这类方法一般是首先构建局部均衡或一般均衡模型，之后通过增加减排量等约束条件来得到相对应的边际减排成本（Kesicki and Strachan，2011）。该类模型又可以进一步分为三种："自下而上"的模型、"自上而下"的模型，以及两种模型的耦合。

"自下而上"的模型更多关注能源部门，采用非加总数据，通过线性规划和设置一定约束实现最优技术集，可用于估计国家层面和国际层面的 CO_2 边际减排成本。威兰科特（2008）等利用自下而上的 MARKAL 模型将全球分为 15 个地区，计算了各地区的碳边际减排成本。韩一杰（2010）等利用 MARKAL – MACRO 模型在不同减排目标及不同 GDP 增长率的模拟情景下，测算了我国 2010 ~ 2020 年实现减排目标所付出的增量成本。在"自下而上"模型构建过程中，由于过多依靠前提假设且参数估计复杂，结果往往参差不齐，缺乏一致性。

"自上而下"的模型主要指一般均衡分析模型（Computable General Equilibrium，CGE），采用所有部门加总的数据，通过模拟经济系统在受到外部干扰后的新均衡状态来推导出边际减排成本。Delarue 等（2010）根据系统专业知识来构建最优化模型，自上而下地估计了碳边际减排成本。Wu 等（2014）运用 CGE 模型建立了中国多区域动态一般均衡模型，估算了中国各省市在碳减排目标约束下的动态边际减排成本并模拟了边际减排成本曲线（MAC）。Madanmohan Ghosh (2014)、吴力波（2014）利用自上而下的可计算一般均衡模型（CGE）来得出二氧化碳的边际减排成本及 MAC 曲线。由宏观经济模型推导得出的碳边际减排成本可以显示不同部门的减排潜力，并发现能源政策对各部门和宏观经济总体的影响。但是，从模型的估算精度上看，由于 CGE 模型对阿明顿贸易弹性系数和替代弹性系数（Fischer and Morgenstern，2006）的设定，以及经济在遭受外部干扰重新达到均衡时的调整方向和路径假设等的不同，CGE 模型最终推导的碳边际减排成本分布会受到很大影响（Wei，2014）。

耦合模型是对"自下而上"和"自上而下"两种模型的混合。陈文颖（2004）利用混耦合模型 MARKAL – MACRO 来估计不同情景下的中国碳边际减排成本，其中的耦合模型由一个动态线性规划模型 MARKAL 和一个宏观经济学模型 MACRO 组合而成。

3.2.2 微观生产效率模型

该类模型通常经过设定详细的生产技术和经济约束等限制性条件来定义生产

可能集，即在给定市场和技术条件下，碳排放量减少带来的机会成本。近年来方向距离函数在该领域求解边际减排成本获得了大量的关注和应用。距离函数方法是由 Shephard（1970）首先提出，由 Chung 等（1997）和 Färe 等（1993）拓展而来。在多投入、多产出的生产效率模型下构建环境生产技术，利用距离函数与收入函数的对偶关系，通过估算产出的边际转换率推导出非期望产出 CO_2 的边际减排成本。利用距离函数法估算边际减排成本的优势在于无须投入和产出的价格信息，只需知道 CO_2 的实际排放量即可，对于原始数据的要求较低。

距离函数又可以进一步分为投入型及产出型，根据 CO_2 是否为投入量进行划分。多数人认为 CO_2 是在生产过程中产生的非期望产出，因此更倾向于产出距离函数。产出距离函数按照函数形式分为三种：谢泼德距离函数（许倩楠，2014）、双曲线距离函数（汪秋月，2015）、方向性距离函数（袁鹏、程施，2011；邢贞成，2017）。谢泼德距离函数必须同时增加或减少期望与非期望产出；双曲线、方向性距离函数均可在增加期望产出的同时减少非期望产出。因此，相对于谢泼德距离函数而言，其他两种距离函数更适合研究当前环境减排政策（Zhou P, Zhou X, Fan L W., 2014）。同时，与双曲线距离函数相比，方向性距离函数因为采用加法与乘法的混合方式，能够更好地分离得到期望与非期望产出的内在关联性（Cuesta R A, Lovell C A, Zofío J L, 2009），优势更加明显，应用也更为广泛。

从方向性距离函数的估算方法来看，现有的研究有两类：非参数方法和参数化方法。非参数方法通常采用数据包络法（DEA）进行估计（涂正革、谌仁俊，2013）；而参数化方法一般采用二次型或超越对数等方向性距离函数形式，通过线性规划（吉丹俊，2017）或者随机前沿方法（王思斯，2012）估算出相应的参数，进而估算边际减排成本。Ma 等（2015）认为 DEA 方法由于不可进行微分，所得结果较为单一。相比而言，参数化方法灵活性更强，不仅处处可微，容易进行代数运算，而且采用超越对数的随机前沿模型可同时考虑随机冲击和技术非效率对产出前沿的影响，选取不同的方向向量时边际减排成本结果会有差异，从而政策内涵更加丰富。但是，参数法也存在不足。首先，函数形式的设定正确与否以及模型和数据能否匹配，都会极大地影响估算的准确性。其次，参数模型将数据连续化处理后最终所求的结果只是一个平均的边际减排成本，且无法得出经济个体的边际减排成本值（Tu et al., 2009）。

经验研究广泛采用了上述多种不同的方法，对边际减排成本展开估算。Färe 在 1993 年的论文中选择了对数型的谢泼德产出距离函数来描述环境生产技术，并第一次提出计算非期望产出边际减排成本的数学公式。在 Färe 工作之后，许多补充和发展边际减排成本模型的论文开始出现。Park 和 Lim（2009）基于超越对数的距离函数对韩国火电厂的碳边际减排成本进行了估计；魏楚（2014）用参数化的二次型函数构建方向距离函数和收益函数之间的对偶关系求得 104 个地级市污染物的边际减排成本；陈德湖等（2016）运用二次型方向距离函数研究了中国 30 个省份 2000～2012 年碳边际减排成本及其差异的时空演化特征。另外，Song et al.（2016）、Du et al.（2015）、Lee et al.（2013）、Tang et al.（2016）、Zhang et al.（2014）、Du and Cai（2012）等也都采用了参数化的方法对 CO_2 边际减排成本进行了估计。

　　Chen et al.（2018）采用数据包络分析中的超效率 SBM 模型（Super – SBM）对中国 30 个省份的碳排放边际减排成本进行度量，为中国推行全国性的碳交易市场提供定价参考。Lee et al.（2002）利用非参数方向距离函数对韩国火力发电行业污染物的边际减排成本和环境效率进行了测算和评价。涂正革（2009）利用非参数模型方法估算了二氧化硫的边际减排成本，发现其边际减排成本取决于排放水平和生产率水平。Choi 和 Zhang（2012）运用非径向基于松弛变量的数据包络分析（DEA）模型来估计 CO_2 排放的边际减排成本。陈诗一（2010）利用参数化和非参数化两种方法对方向性环境产出距离函数进行估计，并测算了工业分行业的 CO_2 边际减排成本。刘明磊（2011）基于非参数距离函数方法对中国省级碳排放绩效评价和边际减排成本进行了估计。同时，Wang et al.（2018），Yuan et al.（2012）、Wang et al.（2011）、Zhou et al.（2011）、Wang et al.（2016）等也都运用非参数的方法对 CO_2 边际减排成本进行了测算。

　　表 3 – 1 列举了利用不同方法估算污染物边际减排成本的重要文献。

表 3 – 1　估算边际减排成本的文献

作者及年份	研究方法	非期望产出	研究内容
Färe et al.（1993）［24］	P – SODF	BOD TSS PART SO_x	30 家美国造纸厂
Boyd（1996）［28］	NP – DDF	SO_2	29 家美国燃煤电厂
Hailu and Veeman（2000）［29］	P – SIDP	BOD TSS	加拿大造纸行业
Lee et al.（2002）［30］	NP – DDF	SO_x NO_x TSP	43 家韩国燃煤燃油电厂
Färe（2005）［31］	P – DDF	SO_2	209 家美国电力企业
Matsushita and Yamane（2012）［32］	P – DDF	CO_2	日本电力行业
Lee et al.（2014）［33］	NP – DDF	CO_2	23 家韩国电厂
Zhang et al.（2014）［34］	P – DDF、P – SODF	CO_2	30 个中国省市
Boussemart et al.（2018）［35］	NP – DDF	CO_2	119 个国家
Lee and Zhang（2012）［36］	P – SIDF	CO_2	30 个中国制造业企业

续表

作者及年份	研究方法	非期望产出	研究内容
Wang et al. （2014）[37]	NP – DDF	CO_2	30 个中国省市
Du and Mao (2015) [38]	P – DDF	CO_2	1158 家中国电厂
He（2015）[39]	P – SODF	CO_2	29 个中国省市
Zhou et al. （2015）[40]	P – SODF/SIDF NP – DDF	CO_2	上海 ETS 试点市场中的制造业
Wang et al. （2016）[41]	NP – non radial DDF	CO_2	30 个中国省市
Xie et al. （2016）[42]	P – DDF	SO_2	中国制造业
Du et al. （2016）[43]	P – meta DDF	CO_2	中国燃煤电厂
Xie et al. （2017）[44]	P – SIDF	CO_2	中国非化石能源

注：P – 代表参数化方法，NP 代表非参数化方法，SODF 代表 Shephard 产出距离函数，SIDF 代表 Shephard 投入距离函数，DDF 代表方向性距离函数。

3.3 市场福利效应测度

碳交易市场的福利效应一般体现为对经济和环境两方面的影响，这种影响既可以是针对宏观总量的，也可以是针对中观产业和区域的，抑或是针对微观企业的。Hermeling（2013）等构建了一个可计算一般均衡模型来研究欧盟碳排放权交易市场对欧盟、美国和中国的 GDP、碳排放以及部门产出的影响。崔连标等（2013）基于省际碳排放交易模型，探讨了在各省实现碳减排目标的过程中，碳交易市场所发挥的成本节约效应。Fujimori et al. （2015）基于全球可计算一般均衡模型，对有无碳交易机制时减排造成的社会福利损失进行了定量研究。结果表明，相比无碳交易情景，碳交易体系下全球的福利损失可从 0.7% ~ 1.9% 下降到 0.1% ~ 0.5%。Tang（2016）等探讨了不同惩罚措施和补贴措施对我国经济和环境的影响，结果显示，碳交易市场在有效促进我国碳减排的同时会对经济产生一定的冲击。Yang et al. （2016）研究了碳市场环境下碳价、碳减排、技术进步和经济增长之间的关系。结果表明，碳市场有利于增加技术投资，进而促进技术进步和经济增长。孙睿等（2014）基于 CGE 模型模拟了在不同总量减排目标情景下，碳价引入对宏观和产业部门层面经济产出、能源消费和碳减排的影响，以及合理的碳价水平。结果表明，碳价越高，其减排效果越显著。任松彦等（2015）

等模拟分析了碳强度约束目标下广东省碳交易市场的实施效应，证明了实施碳交易市场可显著降低减排成本。范英（2016）等研究了中国统一碳市场对区域经济及二氧化碳减排效率的影响。结果显示，全国统一碳市场的建立有利于缩小区域经济差异和降低减排成本，且有利于提高碳减排效率。

碳交易政策的实施最终要落实到产业层面，近年来一些学者开始关注碳交易市场的产业效应。Rivers N（2010）评估了碳交易机制下部门竞争力可能受到的影响。结果表明，竞争力的影响可以通过使用基于产出的许可证回收或通过使用边境税调整实现最小化。Cong and Wei（2010）研究了不同的配额分配准则对碳价及电价的影响。Golombek R（2013）等分析了碳交易市场对电力市场的传导性影响，发现燃气发电生产对配额分配机制非常敏感。姚云飞（2012）等从经济全局成本有效的角度，基于 CEEPA 模型研究了一定减排约束下我国主要排放部门分担的减排责任及减排行为，发现基于排放量进行减排责任分配可以实现整体成本有效性，但煤炭和运输仓储部门应做出一定调整。随着减排目标的增加，应逐渐增加运输仓储部门和减少煤炭部门的减排配额比例，短期内不应对各部门设置较高的减排目标。Liu 等（2015）分析了针对能源密集型行业实施绿证政策的影响。结果表明，绿证政策有利于提高能源密集型行业的技术投资。傅京燕（2017）等通过构建拓展的投入产出模型，模拟评价了中国各部门引入碳价格的短期影响，并针对能源密集型和贸易暴露型行业采取相应的缓解和补偿措施。王鑫（2015）等研究了碳交易机制中免费配额发放的范围和比例对主要工业部门的影响。闫冰倩等（2017）对投入产出价格模型进一步拓展，构建了在碳交易机制下的全局价格传导模型，并分析碳交易市场对国民经济各部门产品价格、产出和利润的影响程度。刘学之（2017）等以 2020 年减排目标为约束目标，对我国石化行业的经济总量、能源消费结构等进行了预测，也对科学制定碳排放配额的分配方案提供了借鉴和参考。

第二篇　行业篇

第4章 基于参数法的行业间碳交易情景模拟与福利效应测度

4.1 基于参数化 DDF 的行业边际减排成本模型

4.1.1 方向性距离函数

本章建立一个"多投入—多产出"的生产函数模型，投入变量记为 x，期望产出变量记为 y，非期望产出变量记为 b，则生产可能集 $p(x)$ 可以表示为：

$$P(x) = \{(b,y), x \text{ 能生产}(b,y)\} \tag{4-1}$$

该生产可能集满足以下五个条件：

（1）生产可能集 $P(x)$ 是一个闭集，$P(0) = \{0,0\}$，即当不进行生产投入时，期望产出与非期望产出就不可能产生；

（2）投入具有强可处置性，即当 $x' \geq x$ 时，$P(x) \in P(x')$；

（3）非期望产出具有弱可处置性，如果 $(b,y) \in P(x)$，并且 $0 \leq \theta \leq 1$，则 $(\theta b, \theta y) \in P(x)$，说明减少非期望产出的同时期望产出也必将减少；

（4）期望产出具有强可处置性，$(b,y) \in P(x)$，如果 $y' \leq y$，则 $(b, y') \in P(x)$，该假设说明减少期望产出不需要同时减少非期望产出；

（5）期望产出和非期望产出满足零结合假设，如果 $(b,y) \in P(x)$ 并且 $b = 0$，则 $y = 0$，该假设表示生产期望产出，非期望产出不可能不生产，两者是联合生产的。

定义一个方向性距离函数来表示生产可能集，首先需要构造方向向量 $g = (g_b, g_y)$，其中，g_y 表示期望产出变动的方向及大小，g_b 表示非期望产出变动的方向及大小，并且一般为负值。因此，方向性距离函数可以被定义为：

$$\vec{D}_0(x, b, y; g_b, g_y) = \max\{\beta : (b + \beta g_b, y + \beta g_y) \in P(x)\} \qquad (4-2)$$

其中，$\beta = \vec{D}_0(x, b, y; g_b, g_y)$ 如果方向性距离函数的值为 0，则表示生产单元在生产前沿面上，且它是技术有效的；而如果方向性距离函数的值大于0，则表示生产单元的生产是无效率的，并且值越大，这种无效率程度就越大。

根据方向性距离函数自身的定义，其需要满足以下六个性质：

（1）如果 $(b, y) \in P(x)$，则 $\vec{D}_0(x, b, y; g_b, g_y) \geq 0$，即方向性距离函数的值不小于 0；

（2）$\vec{D}_0(x, b, y; g_b, g_y)$ 关于 x 递增，也就是当期望产出与非期望产出不变时，投入增加生产单元的无效率程度也就越大；

（3）$\vec{D}_0(x, b, y; g_b, g_y)$ 关于 b 递增，也就是当投入与期望产出不变时，非期望产出的增加会导致生产单元的无效率程度增大；

（4）$\vec{D}_0(x, b, y; g_b, g_y)$ 关于 y 递减，也就是当投入与非期望产出不变时，生产单元的无效率程度随着期望产出的增加而减少；

（5）由于生产可能集必须满足零结合假设，也就是说当期望产出为 0，非期望产出大于 0 时，该情况技术上是不可能实现的；

（6）对于任意正数 α，$\vec{D}_0(x, b + \alpha g_b, y + \alpha g_y; g_b, g_y) = \vec{D}_0(x, y, b; g_b, g_y) - \alpha$。该性质也被称为平移性质。这个性质表明，如果一个企业期望产出增加 αg_y，同时非期望产出减少 $-\alpha g_b$，那么方向性距离函数减少了 α，也就是说这个企业生产效率就得到了提高。

选取二次型函数来表示参数化方向性距离函数。在方向向量的选取上，不同的方向向量表示不同的生产单元到达生产前沿面的途径，所得非期望产出的边际减排成本也有所不同。一般来说，平缓的方向向量侧重于减少非期望产出，所得边际减排成本更高；反之，陡峭的方向向量侧重于增加期望产出，所得边际减排成本更小。常用的方向向量有 $(-1, 0)$、$(0, 1)$、$(-1, 1)$，其中，$(-1, 0)$ 表示减少非期望产出的同时保持期望产出不变、$(0, 1)$ 表示增加期望产出的同时非期望产出保持不变、$(-1, 1)$ 表示期望产出增加的同时非期望产出同比例减少。相比较而言，三个方向向量所得边际减排成本从小到大依次为 $(0, 1)$、$(-1, 1)$、$(-1, 0)$。

本章选取的方向向量为 $g_1 = (-1, 1)$，该方向向量有利于节约参数，满足转移特性，最为符合当前的减排政策环境。因此，方向性距离函数的具体函数形式如图 4-1 所示。

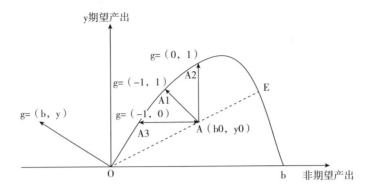

图 4 – 1 方向性距离函数原理图

$$\vec{D}_0(x,b,y;-1,1) = \alpha_0 + \sum_{n=1}^{N}\alpha_n x_n + \sum_{i=1}^{I}\beta_i y_i + \sum_{j=1}^{J} y_j b_j + \frac{1}{2}\sum_{n=1}^{N}\sum_{n'=1}^{N}\alpha_{n,n'} x_n x_{n'} +$$

$$\frac{1}{2}\sum_{i=1}^{I}\beta'_i y_i^2 + \frac{1}{2}\sum_{j=1}^{J}\gamma'_j b_j^2 + \sum_{n=1}^{N}\sum_{i=1}^{I}\mu_{in} x_n y_i +$$

$$\sum_{n=1}^{N}\sum_{j=1}^{J}\eta_{jn} x_n b_j + \sum_{j=1}^{J}\sum_{i=1}^{I}\psi_{ij} y_i b_j \qquad (4-3)$$

其中，N、I、J 分别为投入、期望产出、非期望产出变量的个数。

4.1.2 非期望产出的边际减排成本

令 $l = (l_1, \cdots, l_N)$、$p = (p_1, \cdots, p_1)$ 和 $q = (q_1, \cdots, q_J)$ 分别表示投入、期望产出以及非期望产出的价格向量。已知投入量、期望产出、非期望产出，因此生产的利润函数可以表示为：

$$R(l,p,q) = \max_{x,y,b}\{py + qb - lx,(b,y)\in p(x)\} \qquad (4-4)$$

因为非期望产出具有弱处置性，减少非期望产出必定会减少期望产出，从而导致利润的减少。因此，非期望产出的价格为负，非期望产出与利润负相关，意味着减排是需要成本的。

因为生产单元 (b, y) 总是在生产前沿的面上或者内部，即 $\vec{D}_0(x, b, y; g_b, g_y)\geq 0$。因此，利润函数也可以表示为：

$$R(l,p,q) = \max_{x,y,b}\{py + qb - lx, \vec{D}_0(x,b,y;g)\geq 0\} \qquad (4-5)$$

当 $(b, y)\in P(x)$ 时，沿着方向向量使得在生产前沿面内部的生产单元到达生产前沿面。因此，下式成立：

$$(b + \beta g_b, y + \beta g_y) = \{(b + \vec{D}_0(x,y,b;g)\cdot g_b, y + \vec{D}_0(x,y,b;g)\cdot g_y)\in P(x)\}$$

$$(4-6)$$

因此，利润函数还可以表述为：

$$R(l,p,q) \geq (q,p)(b + \vec{D}_0(x,y,b;g) \cdot g_b, y + \vec{D}_0(x,y,b;g) \cdot g_y) - lx \quad (4-7)$$

或者写成：

$$R(l,p,q) \geq (py + qb - lx) + p\vec{D}_0(x,y,b;g) \cdot g_y + q\vec{D}_0(x,y,b;g) \cdot g_b \quad (4-8)$$

不等式的左边表示所得的最大利润，不等式的右边等于实际的利润与消除生产单元无效率后的额外收益的总和。此额外收益由两部分组成，其中一部分是由期望产出的增加带来的收益，即 $p\vec{D}_0(x, y, b; g) \cdot g_y$；而另一部分的额外收益是由于非期望产出的减少，从而避免了减排支出，即 $q\vec{D}_0(x, y, b; g) \cdot g_b$。

整理不等式，可得：

$$\vec{D}_0(x,b,y;g) \leq \frac{R(l,p,q) - (py + qb - lx)}{pg_y + qg_b} \quad (4-9)$$

如果一个生产单元沿着给定的方向向量从生产前沿内部到达生产前沿上，该生产单元就从无效率变为有效率，不等式也会成为等式。因此，方向性距离函数也可以表示为：

$$\vec{D}_0(x,b,y;g) = \min_p \left\{ \frac{R(l,p,q) - (py + qb - lx)}{pg_y + qg_b} \right\} \quad (4-10)$$

根据数据包络定理，我们可以得到如下等式：

$$\nabla_y \vec{D}_0(x,b,y;g) = \frac{p}{pg_y + qg_b} \leq 0 \quad (4-11)$$

$$\nabla_b \vec{D}_0(x,b,y;g) = \frac{q}{pg_y + qg_b} \geq 0 \quad (4-12)$$

上式相除得到：

$$q = p \cdot \frac{d\vec{D}_0(x,b,y;g_b,g_y)/dx}{d\vec{D}_0(x,b,y;g_b,g_y)/dy} \quad (4-13)$$

上述等式为非期望产出影子价格的表达式。根据等式，可以通过期望产出的价格求解非期望产出的影子价格，说明非期望产出的影子价格表示当生产单元在生产前沿面上，即生产单元有效时，每减少一单位的非期望产出造成期望产出的减少量，这与非期望产出边际减排成本的含义是一致的。

因此，当假设期望产出的价格为 1 时，则非期望产出的边际减排成本为：

$$q = \frac{d\vec{D}_0(x,b,y;g_b,g_y)/db}{d\vec{D}_0(x,b,y;g_b,g_y)/dy} = \frac{\sum\limits_{j=1}^{J}\gamma_j + \sum\limits_{j=1}^{J}\gamma'_j b'_j + \sum\limits_{n=1}^{N}\sum\limits_{j=1}^{J}\eta_{jn}x_n + \sum\limits_{j=1}^{J}\sum\limits_{i=1}^{J}\psi_{ij}y_i}{\sum\limits_{i=1}^{I}\beta_i + \sum\limits_{i=1}^{I}\beta'_i y_i + \sum\limits_{n=1}^{N}\sum\limits_{i=1}^{I}\mu_{in}x_n + \sum\limits_{j=1}^{J}\sum\limits_{i=1}^{I}\psi_{ij}b_j}$$

$$(4-14)$$

4.1.3　方向性距离函数的参数估计

基于 Aigner 等（1968）提出的线性规划求解方法，建立如下的 LP 模型，最终求解得出公式（4-3）中的参数。在满足同一前沿和方向性距离函数六个基本性质的约束下，令各生产单元无效率值总和最小。

$$\min \sum_{t=1}^{T}\sum_{h=1}^{H}(\vec{D}_0(x,b,y;-1,1)-0)$$

$$s.t.\begin{cases} \vec{D}_0(x,b,y;-1,1) \geq 0 \\ \dfrac{\partial \vec{D}_0(x,b,y;-1,1)}{\partial y} \leq 0 \\ \dfrac{\partial \vec{D}_0(x,b,y;-1,1)}{\partial b} \geq 0 \\ \dfrac{\partial \vec{D}_0(x,b,y;-1,1)}{\partial x} \leq 0 \\ \vec{D}_0(x,0,y;-1,1) < 0 \\ \beta_i - \gamma_j = -1 \\ \beta'_i = \gamma'_j = \psi_{ij} \\ \mu_{in} = \eta_{jn} \\ \alpha_{nn'} = \alpha_{n'n} \end{cases}$$

$$(4-15)$$

其中，$t=1$，…，T 表示不同年份，$h=1$，…，H 表示不同行业。

约束条件（1）表示方向性距离函数值大于等于 0，即生产单元必定在生产前沿上或者生产前沿的内部；约束条件（2）~（4）分别表示方向性距离函数关于 x 和 b 递增、关于 y 递减，即仅仅增加投入、非期望产出，减少期望产出会造成生产单元无效率值的增加；约束条件（5）表示生产过程中需满足零结合假设；约束条件（6）~（9）确保在生产过程中增加期望产出的同时同比例减少非期望产出、方向性距离函数满足平移性质以及二次型函数的对称性。

4.2 行业碳边际减排成本测算

4.2.1 行业选取

以工业内部的两位数代码行业作为研究对象，区间设定为 2005 ~ 2016 年。由于中国《国民经济行业分类》自 1984 年首次发布后，分别于 1994 年、2002 年、2011 年和 2017 年进行过四次修订，期间涉及前后行业分类标准不一致的问题。本研究选取 2011 版的《国民经济行业分类》作为基准分类，对各时期的行业数据进行了相应调整。2011 年的国民经济行业分类标准将工业分为三个门类（采矿业；制造业；电力、热力、燃气及水生产和供应业），41 个大类和 193 个门类。

具体处理方式，以 2002 年的行业调整为例：

（1）行业名称不一致的处理。本研究以 2011 版的《国民经济行业分类》为标准，选取工业两位数代码行业最新的名称。将 2002 版的《国民经济行业分类》中"饮料制造业""通信设备、计算机及其他电子设备制造业""废弃资源和废旧材料回收加工业"，分别命名为"酒、饮料和精制茶制造业""计算机、通信及其他电子设备制造业""废弃资源综合利用业"。

（2）部分两位数代码行业的拆分与合并。2011 版的《国民经济行业分类》将"橡胶制品业"和"塑料制品业"合并为同一大类"橡胶和塑料制品业"，将"交通运输设备制造业"拆分为"汽车制造业"和"铁路、船舶、航空航天和其他运输设备制造业"。为了更详尽地反映出各工业行业间的情况，选择拆分后的行业作为研究对象，即分别研究"橡胶制品业""塑料制品业""汽车制造业"以及"铁路、船舶、航空航天和其他运输设备制造业"等行业。

（3）新增行业的处理。"石油和天然气开采业"中的"与石油和天然气开采有关的服务活动"并入了新增的"开采辅助活动"中，由于调入和调出数值较小，选择忽略不计，故将 2012 ~ 2016 年"开采辅助活动"重新并入"石油和天然气开采业"。新增"金属制品、机械和设备修理业"，该新增的两位数代码行业都是其他四位数行业部分调入构成的，暂不作为单独行业进行考虑。

（4）四位数代码行业整体调入调出。"19 皮革、毛皮、羽毛及其制品和制鞋业"中，调入的原"1820 纺织面料鞋的制造""2960 橡胶靴鞋制造""3081 塑料鞋制造"，分别来源于原"18 纺织服装、服饰业""29 橡胶制品业""30 塑料制品业";"24 文教、工美、体育和娱乐用品制造业"中，调入原"工艺美术品制造"，来源于原"42 工艺品及其他制造业";"31 黑色金属冶炼和压延加工业"中，调入原"3591 钢铁铸件制造"，来源于原"35 通用设备制造业";"33 金属制品业"中，调入原"3592 锻件及粉末冶金制品制造""3663 武器弹药制造""3792 交通管理用金属标志及设施制造"，分别来源于原"35 通用设备制造业""36 专用设备制造业""37 交通运输设备制造业";"34 通用设备制造业"中，调入原"文化、办公用机械制造"，来源于原"41 仪器仪表及文化办公用机械制造业";"37 铁路、船舶、航天航空和其他运输设备制造业"中，调入原"3669 航空、航天及其他专用设备制造"，来源于原"36 专用设备制造业"。

（5）部分四位数代码行业处理。研究涉及四位数代码行业在两位数代码行业间的调整处理，对于部分调入和调出不能拆分整合或由于调入调出引起变动极小的部分四位数行业，研究中选择暂不做处理。

解决行业分类标准不一致的问题后，本章将工业分为 40 个行业，如表 4 - 1 所示。

4.2.2 数据来源及处理

本研究的时间跨度为 2005 ~ 2016 年，根据我国工业行业实际的投入产出情况，选取资本存量、劳动力、能源消耗作为投入变量，工业增加值作为期望产出，CO_2 排放量为非期望产出。

表 4 - 1 中国工业二位数代码行业分类

门类	序号	代码	行业名称
采矿业	1	06	煤炭开采和洗选业
	2	07	石油和天然气开采业
	3	08	黑色金属矿采选业
	4	09	有色金属矿采选业
	5	10	非金属矿采选业
	6	12	其他采矿业
制造业	7	13	农副食品加工业
	8	14	食品制造业
	9	15	酒、饮料和精制茶制造业
	10	16	烟草制造业
	11	17	纺织业
	12	18	纺织服装、服饰业

门类	序号	代码	行业名称
制造业	13	19	皮革、毛皮、羽毛及其制品和制鞋业
	14	20	木材加工及木、竹、藤、棕、草制品业
	15	21	家具制造业
	16	22	造纸及纸制品业
	17	23	印刷业和记录媒介的复制业
	18	24	文教、工美、体育和娱乐用品制造业
	19	25	石油加工、炼焦及核燃料加工业
	20	26	化学原料及化学制品制造业
	21	27	医药制造业
	22	28	化学纤维制造业
	23	29	橡胶制品业
	24	29	塑料制品业
	25	30	非金属矿物制品业
	26	31	黑色金属冶炼及压延加工业
	27	32	有色金属冶炼及压延加工业
	28	33	金属制品业
	29	34	通用设备制造业
	30	35	专用设备制造业
	31	36	汽车制造业
	32	37	铁路、船舶、航空航天和其他运输设备制造业
	33	38	电气机械及器材制造业
	34	39	计算机、通信及其他电子设备制造业
	35	40	仪器仪表制造业
	36	41	其他制造业
	37	42	废弃资源综合利用业
电力、热力、燃气及水生产和供应业	38	44	电力、热力的生产和供应业
	39	45	燃气生产和供应业
	40	46	水的生产和供应业

（1）资本存量。

首先，依据式（4-16）中的永续盘存法对各工业行业的资本存量进行估算，得出：

$$K_t = I_t + (1 - \delta_t)K_{t-1} \tag{4-16}$$

其中，K_t、K_{t-1} 分别表示第 t、$t-1$ 年的资本存量；I_t 表示第 t 年的新增投资额；δ_t 表示第 t 年的折旧率。为得到各期的资本存量，首先需要知道资本存量的基期值、新增投资额、分行业的折旧率以及固定资产投资价格指数等，所涉及的数据均来源于各年《中国统计年鉴》以及 2004 年、2008 年、2013 年的《中国经济普查年鉴》。

1）基期资本存量。

采用陈诗一（2010）估算的 38 个工业行业 2004 年资本存量值，根据行业分类调整步骤得到本研究对应的 40 个工业行业 2004 年的基期资本存量。

2）新增投资额。

2004～2011 年分行业固定资产投资数据缺失，以工业固定资产投资总额按照各行业占规模以上工业生产总值比例进行估算，在以固定资产投资价格指数（2005＝100）进行平减后得到分行业固定资产投资实际值。

3）折旧率。

借鉴陈诗一（2010）的方法，以 2005～2016 年二位数代码工业行业的固定资产原值和净值数据，推算 2005～2016 年各行业当年折旧率。具体计算公式如下：

累计折旧$_t$ = 固定资产原值$_t$ - 固定资产净值$_t$

本年折旧$_t$ = 累计折旧$_t$ - 累计折旧$_{t-1}$

折旧率$_t$ = 本年折旧$_t$/固定资产原值$_{t-1}$　　　　　　　　(4-17)

最终得到 2005～2016 年 40 个工业大类行业的折旧率。

（2）劳动力。

采用工业企业平均从业人数表示劳动投入，基础数据来源于 2005～2011 年的《中国统计年鉴》、2012～2016 年《中国劳动统计年鉴》以及 2004 年、2008 年、2013 年的《中国经济普查年鉴》。

（3）能源消耗。

选取能源消费量表示能源投入，数据来源于 2006～2017 年的《中国能源统计年鉴》。

（4）期望产出。

选用工业增加值表示期望产出，数据来源于 2005～2017 年的《中国统计年鉴》。

（5）非期望产出。

将工业生产中排放的二氧化碳作为非期望产出，考虑了工业使用最广泛的八大能源品种：原煤、焦炭、原油、汽油、煤油、柴油、燃料油和天然气，计算出工业各行业的二氧化碳排放量，具体计算公式为：

$$CO_2 = \sum_{i=1}^{n} CO_{2,i} = \sum_{i=1}^{n} Q_i \times \beta_i \times \gamma_i \times \frac{44}{12} \qquad (4-18)$$

其中，$CO_{2,i}$ 表示第 i 种能源的二氧化碳排放量；Q_i、β_i、γ_i 分别表示第 i 种能源的能源消费总量、标准煤折算系数以及碳排放系数，数据来源于 2006~2017 年《中国能源统计年鉴》及《IPCC 国家温室气体清单指南》。

表 4-2　八大能源品种的折标准煤系数和碳排放系数

品种	原煤	焦炭	原油	汽油	煤油	柴油	燃料油	天然气
折标	0.7143	0.9713	1.4286	1.4714	1.4714	1.4571	1.4286	13.3
碳排	0.7559	0.855	0.5857	0.5535	0.5741	0.5921	0.6185	0.4483

注：除天然气的折标准煤系数单位为 $tce/10^4 m^3$，其余能源品种的折标准煤系数单位为 tce/t；各能源品种二氧化碳排放系数单位为 tc/tce。

表 4-3 描述了最终形成的投入—产出数据集的统计特征。

表 4-3　2005~2016 年 40 个工业行业投入—产出变量的统计特征

	变量	单位	观测值	均值	标准差	最小值	最大值
投入变量	资本存量	亿元	480	12471.62	16151.29	6.22	122433.35
	企业从业平均人数	万人	480	316.43	263.85	0.40	1136.41
	能源消费量	万吨	480	6435.72	12466.98	41.00	69342.00
产出变量	工业增加值	亿元	480	4202.71	4155.12	2.92	23811.68
	二氧化碳排放量	万吨	480	23343.71	62235.52	0.76	381628.30

资料来源：作者自行计算。

从标准差来看，标准差最大和最小的变量分别是二氧化碳排放量和企业从业平均人数，说明 2005~2016 年，各行业的二氧化碳排放量变化最剧烈，企业从业平均人数变化最为平缓。从最大值与最小值来看，2005~2016 年 40 个工业行业投入—产出变量差距较大，其中二氧化碳排放量的差距最大。

4.2.3　测算结果与分析

本研究涉及的投入产出变量数据较多且量纲不同，因此在模型运行程序之前，首先对各变量取对数值，以避免出现模型不收敛的问题。

利用 MATLAB 软件编程并计算出 2005~2016 年中国工业各行业每年的边际减排成本，输出结果均为负值，这意味着减排是需要成本的。为了分析简便，在研究过程中对边际减排成本取绝对值。

4.2.3.1 测算结果的描述性统计

从平均值来看，各工业行业碳边际减排成本总体保持在一个年均11.5%的高速度逐年递增趋势。截止到2016年，工业行业的平均边际减排成本已经达到6009.95元/吨。其中，2011年行业平均成本陡增，主要来源于其他采矿业边际减排成本的大幅度增加。

从标准差、最大值与最小值来看，行业间的边际减排成本具有极大的差异性，且随着时间差异越来越明显，行业标准差从2005年的2517.7增长到2016年15397.9，增幅达到511.58%。

表4-4 2005~2016年40个工业行业的边际减排成本描述性统计表

年份	平均值	标准差	最大值	最小值
2005	1803.3	2517.7	11377.5	6.2
2006	1749.9	2620.3	14265.4	5.3
2007	1985.6	3289.7	19034.6	5.0
2008	2302.6	4002.5	22875.4	4.6
2009	2541.1	4625.4	27419.6	3.5
2010	2468.5	4870.7	29530.5	3.1
2011	4729.6	11876.0	71872.2	2.7
2012	3382.9	6583.4	39139.3	1.8
2013	3631.8	7347.4	44366.9	0.9
2014	4240.5	9024.6	54560.8	0.7
2015	4868.6	10845.2	65749.9	0.7
2016	6010.0	15397.9	96280.9	0.6
2005~2016	3309.5	6322.4	37466.5	3.0

资料来源：作者自行计算整理。

4.2.3.2 测算结果的一般水平

本研究所得CO_2边际减排成本均值与中国已有研究成果相关情况汇总为表4-5。对比发现，不同的研究对象、研究层面、时间范围、测算方法等都会对计算结果造成重大影响。与陈诗一（2010）的研究结果相比，本研究所得CO_2边际减排成本变化趋势基本一致，但数值偏小，这主要是因为研究中对方向性距离函数加入了关于投入变量的递减约束。从各研究看，中国省域CO_2边际减排成本一般小于全域或省域工业行业边际减排成本值，从而证明工业相对于其他部门减排难度较高。

表 4 - 5　CO₂ 边际减排成本研究汇总表

	作者	研究对象	样本	方法	价格（元/吨）
1	本书	全国—工业	40	P/Q – DDF	3309.53
2	Yuan P. 等（2012）	全国—工业	24	N/DDF	16360
3	陈诗一（2010）	全国—工业	38	P/T – DDF	32687
				N/DDF	26829
4	Zhou X. 等（2015）	上海—工业	10	P/T – SIDF	678
				P/T – SODF	395
				P/Q – DDF	582
				N/DDF	1908
5	Chen L. Y. 等（2014）	天津—工业	28	N/DDF	766
6	Choi Y. 等（2012）	全国—省份	30	N/SBM – DEA	56
7	Zhang X. 等（2014）	全国—省份	30	P/T – SODF	24
			30	P/Q – DDF	80
8	Wang Q. 等（2011）	全国—省份	28	N/DDF	475
9	He X.（2015）	全国—省份	29	P/T – DDF	104

　　注：N 为非参数方法；P 为参数方法；T 为超越对数形式；Q 为二次函数形式；SODF 为谢泼德输出距离函数；SIDF 为谢泼德输入距离函数；DDF 为方向性距离函数；DEA 为数据包络分析。

4.3　行业碳边际减排成本的差异性分析

　　研究测算所得的 CO₂ 边际减排成本发现，工业行业间存在明显的差异性。为深入剖析行业间 CO₂ 边际减排成本的差异，本研究首先将 40 个工业行业分为 4 类，进而分析类间行业成本的不同，从而提出共同但有区别的减排建议。

4.3.1　行业分类及特征

4.3.1.1　行业分类

　　国家发展和改革委员会应对气候变化司司长苏伟（2015）提出"'十三五'我们将继续制定控制温室气体排放的强度控制目标，并且在强度上要提高要求，同时研究并逐步引入碳排放总量控制目标，实现强度和总量'双控'。"因此，本研究以碳排放强度和排放总量两个减排控制目标对 40 个工业行业进行分类。不同于以往学者采用两指标的绝对值量进行的主观分类（吕可文等，2012；张新林等，2017），本研究利用 SPSS 软件，采用碳排放强度与碳排放量的相对值，按照从小到大的排名顺序对 40 个工业行业进行客观聚类，具体的指标值如表 4 - 6 所示。

表 4 - 6　40 个工业行业碳排放量及碳排放强度平均排名

序号	代码	大类行业	总量排名	强度排名
1	·06	煤炭开采和洗选业	35	36
2	07	石油和天然气开采业	32	26
3	08	黑色金属矿采选业	18	23
4	09	有色金属矿采选业	10	16
5	10	非金属矿采选业	25	30
6	12	其他采矿业	1	18
7	13	农副食品加工业	30	22
8	14	食品制造业	28	28
9	15	酒、饮料和精制茶制造业	27	25
10	16	烟草制造业	5	1
11	17	纺织业	31	24
12	18	纺织服装、服饰业	12	11
13	19	皮革、毛皮、羽毛及其制品和制鞋业	9	6
14	20	木材加工及木、竹、藤、棕、草制品业	15	21
15	21	家具制造业	7	7
16	22	造纸及纸制品业	33	32
17	23	印刷业和记录媒介的复制业	8	8
18	24	文教、工美、体育和娱乐用品制造业	6	4
19	25	石油加工、炼焦及核燃料加工业	39	40
20	26	化学原料及化学制品制造业	37	35
21	27	医药制造业	26	20
22	28	化学纤维制造业	24	29
23	29	橡胶制品业	17	27

续表

序号	代码	大类行业	总量排名	强度排名
24	29	塑料制品业	14	15
25	30	非金属矿物制品业	36	37
26	31	黑色金属冶炼及压延加工业	38	38
27	32	有色金属冶炼及压延加工业	34	31
28	33	金属制品业	21	13
29	34	通用设备制造业	29	17
30	35	专用设备制造业	19	14
31	36	汽车制造业	22	10
32	37	铁路、船舶、航空航天和其他运输设备制造业	13	12
33	38	电气机械及器材制造业	20	5
34	39	计算机、通信及其他电子设备制造业	11	2
35	40	仪器仪表制造业	3	3
36	41	其他制造业	16	33
37	42	废弃资源综合利用业	4	19
38	44	电力、热力的生产和供应业	40	39
39	45	燃气生产和供应业	23	34
40	46	水的生产和供应业	2	9

资料来源：笔者自行计算整理。

所得聚类谱系如图4-2所示。

根据聚类谱系图，40个行业被分成四类：Ⅰ型、Ⅱ型、Ⅲ型、Ⅳ型，具体分布情况如图4-3所示。

在图4-3中，横坐标为碳排放量排名，其排名越高，表示碳排放量越大；纵坐标为碳排放强度平均排名，其排名越高，表示碳排放强度越大。Ⅰ、Ⅱ型行业相比Ⅲ、Ⅳ型行业具有更低的碳排放强度，在同等碳排放强度水平下，Ⅰ型行业比Ⅱ型行业、Ⅲ型行业比Ⅳ型行业具有更低的碳排放量。据此，将四类行业分别定义为：Ⅰ型为"低碳强低碳排"型、Ⅱ型为"低碳强低碳排"型、Ⅲ型为"高碳强低碳排"型、Ⅳ型为"高碳强高碳排"型，表4-7汇总了各类型涵盖的具体行业。

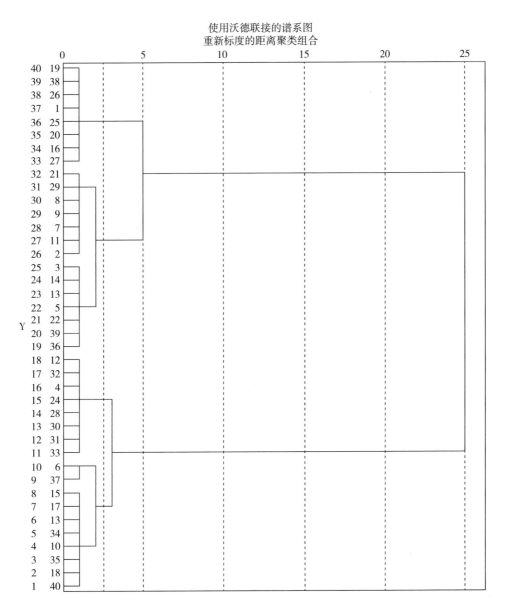

图 4－2　聚类谱系图

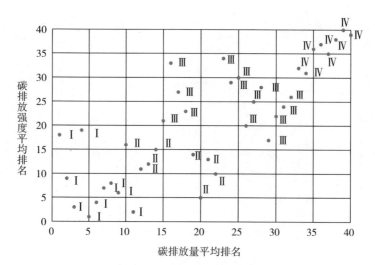

图 4 – 3　四类行业的散点图

表 4 – 7　四类行业的具体划分

	低碳排	高碳排
高碳强	石油和天然气开采业 黑色金属矿采选业 非金属矿采选业 农副食品加工业 食品制造业 酒、饮料和精制茶制造业 纺织业 木材加工及木、竹、藤、棕、草制品业 医药制造业 化学纤维制造业 橡胶制品业 通用设备制造业 其他制造业 燃气生产和供应业	煤炭开采和洗选业 造纸及纸制品业 石油加工、炼焦及核燃料加工业 化学原料及化学制品制造业 非金属矿物制品业 黑色金属冶炼及压延加工业 有色金属冶炼及压延加工业 电力、热力的生产和供应业 煤炭开采和洗选业
低碳强	其他采矿业 烟草制造业 皮革、毛皮、羽毛及其制品和制鞋业 家具制造业 印刷业和记录媒介的复制业 文教、工美、体育和娱乐用品制造业 计算机、通信及其他电子设备制造业 仪器仪表制造业 废弃资源综合利用业 水的生产和供应业	有色金属矿采选业 纺织服装、服饰业 塑料制品业 金属制品业 专用设备制造业 汽车制造业 铁路、船舶、航空航天和其他运输设备制造业 电气机械及器材制造业

资料来源：笔者自行计算整理。

4.3.1.2　行业特征

从投入产出变量的角度对这四类行业的特征进行分析，如表4-8所示。四类行业的平均能源投入和二氧化碳排放量大小顺序一致，均为Ⅳ＞Ⅲ＞Ⅱ＞Ⅰ；四类行业的平均资本投入和工业增加值大小顺序一致，均为Ⅳ＞Ⅱ＞Ⅲ＞Ⅰ；四类行业的平均劳动投入大小顺序为Ⅱ＞Ⅳ＞Ⅲ＞Ⅰ。

表4-8　四类行业的投入产出变量比较

		Ⅰ	Ⅱ	Ⅲ	Ⅳ	顺序
投入变量	资本存量	4924.5501	13063.3192	9211.1502	27019.5903	Ⅳ＞Ⅱ＞Ⅲ＞Ⅰ
	企业从业平均人数	226.0734	450.7609	243.7474	422.2469	Ⅱ＞Ⅳ＞Ⅲ＞Ⅰ
	能源消费量	596.6083	1914.1255	2418.0057	25287.2188	Ⅳ＞Ⅲ＞Ⅱ＞Ⅰ
产出变量	二氧化碳排放量	253.7569	1306.4976	3341.0647	109247.9916	Ⅳ＞Ⅲ＞Ⅱ＞Ⅰ
	工业增加值	2617.2311	4693.2882	3136.4185	7559.9884	Ⅳ＞Ⅱ＞Ⅲ＞Ⅰ

资料来源：笔者自行计算整理。

进一步选取资本产出比、煤炭类能源消费占比、单位能耗的工业增加值这三个指标分别表示行业资本密集度、能源结构以及能源利用效率，具体结果如表4-9所示。

表4-9　2005～2016年四类行业的指标比较

年份	资本产出比（100%）				煤炭类能源消费占比（%）				能源利用效率（万元/吨标煤）			
	Ⅰ	Ⅱ	Ⅲ	Ⅳ	Ⅰ	Ⅱ	Ⅲ	Ⅳ	Ⅰ	Ⅱ	Ⅲ	Ⅳ
2005	1.02	1.16	1.67	2.80	57.00	72.76	72.07	77.68	3.11	1.47	0.77	0.20
2006	1.10	1.28	1.77	2.80	54.40	72.38	74.48	78.38	3.07	1.52	0.80	0.21
2007	1.17	1.40	1.86	2.76	57.88	73.87	74.94	78.78	3.39	1.74	0.88	0.23
2008	1.26	1.58	1.96	2.91	55.57	70.18	73.70	78.79	3.61	1.88	0.96	0.25
2009	1.46	1.85	2.14	3.14	57.03	71.24	74.08	79.32	3.80	2.13	1.09	0.26
2010	1.55	2.03	2.30	3.22	58.25	69.63	74.79	78.21	4.01	2.20	1.21	0.28
2011	1.67	2.33	2.49	3.31	64.55	70.04	74.64	79.33	4.41	2.44	1.29	0.29
2012	1.82	2.73	2.77	3.51	66.22	69.79	73.23	79.35	4.59	2.58	1.43	0.31
2013	2.00	3.07	3.13	3.69	62.90	66.48	72.24	78.97	4.87	2.69	1.54	0.33
2014	2.17	3.40	3.52	3.94	59.90	62.44	69.94	77.50	5.09	2.94	1.66	0.35
2015	2.40	3.82	3.94	4.19	58.38	61.77	71.28	75.86	5.37	3.22	1.79	0.38
2016	2.68	4.10	4.31	4.48	51.37	53.71	70.75	74.73	5.47	3.44	1.89	0.39
平均	1.69	2.40	2.65	3.40	58.62	67.86	73.01	78.07	4.23	2.35	1.28	0.29
顺序	Ⅰ＜Ⅱ＜Ⅲ＜Ⅳ				Ⅰ＜Ⅱ＜Ⅲ＜Ⅳ				Ⅰ＞Ⅱ＞Ⅲ＞Ⅳ			

资料来源：笔者自行整理计算。

从表 4-9 可以看出，四类行业的资本产出比都呈现逐年上升趋势，并且值均大于 1，四类行业的资本密集程度依次为 Ⅳ＞Ⅲ＞Ⅱ＞Ⅰ。其中，Ⅲ、Ⅳ多数是重工业，Ⅰ、Ⅱ多数是轻工业及高新技术行业。四类行业的煤炭类能源消费占比的大小顺序依次为 Ⅳ＞Ⅲ＞Ⅱ＞Ⅰ。2011～2016 年，四类行业煤炭类能源消费占比均呈现下降趋势，但至今其使用比例均未低于 50%，这与我国"富煤、少油、缺气"的特点是分不开的。其中，Ⅰ、Ⅱ型行业的下降幅度大于Ⅲ、Ⅳ型行业。2005～2016 年四类行业的能源利用效率均呈现增长趋势，其能源利用效率从高到低排序为 Ⅰ＞Ⅱ＞Ⅲ＞Ⅳ。

综合比较三个指标，可以发现，相较于"高碳强"型行业，"低碳强"型行业具有劳动更加密集、能源消费结构更加完善、能源利用效率更高的特征；在同等碳排放强度水平下，"低碳排"型行业比"高碳排"型行业劳动更加密集、能源消费结构更完善、能源利用效率更高。

4.3.2 行业碳边际减排成本的类间与类内差异

我们采用泰尔指数来衡量边际减排成本的行业差异，泰尔指数可以将行业的总体差异分解为行业间差异和行业内差异两个部分。因此，采用泰尔指数可以求得四类行业之间的差异和内部的差异，并求出类间差异和类内差异对总体差异的贡献率，从而得出工业碳边际减排成本差异的主要来源。考虑到进行聚类采用的两个指标，因此将碳排放总量和碳排放强度分别作为计算泰尔指数的权重。

$$
\begin{aligned}
T &= \sum_i \frac{q_i}{q} \ln \frac{q_i/q}{Q_i/Q} \\
&= \sum_i \sum_j \frac{q_{ji}}{q_i} \ln \frac{q_{ji}/q}{q_{ji}/Q} \\
&= \sum_i \sum_j \frac{q_i}{q} \frac{q_{ji}}{q_j} \ln \frac{q_{ji}/q_j}{q_{ji}/Q_j} + \sum_j \frac{q_j}{q} \ln \frac{q_j/q}{Q_j/Q} \\
&= \sum_i \frac{q_i}{q} T_{ai} + \sum_j \frac{q_j}{q} \ln \frac{q_j/q}{Q_j/Q} \\
&= T_a + T_b
\end{aligned}
\tag{4-19}
$$

$$
\begin{aligned}
T' &= \sum_i \frac{q_i}{q} \ln \frac{q_i/q}{E_i/E} \\
&= \sum_i \sum_j \frac{q_{ji}}{q_i} \ln \frac{q_{ji}/q}{q_{ji}/E} \\
&= \sum_i \sum_j \frac{q_i}{q} \frac{q_{ji}}{q_j} \ln \frac{q_{ji}/q_j}{q_{ji}/E_j} + \sum_j \frac{q_j}{q} \ln \frac{q_j/q}{E_j/E} \\
&= \sum_i \frac{q_i}{q} T_{ai}' + \sum_j \frac{q_j}{q} \ln \frac{q_j/q}{E_j/E}
\end{aligned}
$$

$$= T_a{}' + T_b{}' \qquad\qquad (4-20)$$

其中，q、Q 和 E 分别表示行业的二氧化碳边际减排成本、碳排放量和碳排放强度；T、T_a 和 T_b 是以碳排放量为权重的总体、类内和类间的泰尔系数，T'、$T_a{}'$ 和 $T_b{}'$ 则是以碳排放强度为权重的总体、类内和类间的泰尔系数。

根据所得的泰尔系数，可以求得类内、类间和各行业的差异贡献率。

$$G_a = T_a/T, \quad G_a{}' = T_a{}'/T'$$

$$G_b = T_b/T, \quad G_b{}' = T_b{}'/T'$$

$$G_{ai} = (q_i/q) \cdot (T_{ai}/T), \quad G_{ai}{}' = (q_i/q) \cdot (T_{ai}{}'/T') \qquad (4-21)$$

其中，G_a、G_b 和 G_{ai} 分别是以碳排放量为权重的类内、类间和各行业的差异贡献率；而 $G_a{}'$、$G_b{}'$ 和 $G_{ai}{}'$ 分别是以碳排放强度为权重的类内、类间和各行业的差异贡献率。

表 4-10　四类行业的类内、类间及各行业差异贡献率　　（单位:%）

年份	以碳排放总量为权重					以碳排放强度为权重				
	类间	类内				类间	类内			
		I	II	III	IV		I	II	III	IV
2005	94.11	4.49	0.35	0.73	0.33	60.67	35.90	1.31	1.81	0.32
2006	89.48	9.28	0.28	0.63	0.33	78.82	18.05	0.86	1.91	0.35
2007	89.22	9.55	0.32	0.64	0.27	79.28	18.50	0.42	1.52	0.28
2008	85.95	12.95	0.43	0.45	0.22	81.56	16.87	0.33	1.00	0.24
2009	86.95	11.78	0.48	0.58	0.21	79.64	18.75	0.37	1.01	0.23
2010	88.75	10.00	0.54	0.52	0.18	71.71	26.68	0.51	0.93	0.17
2011	66.12	33.40	0.18	0.24	0.06	73.26	26.06	0.15	0.44	0.08
2012	85.85	13.06	0.42	0.53	0.14	77.61	20.94	0.23	1.07	0.15
2013	88.86	9.92	0.57	0.52	0.13	75.19	23.42	0.25	1.01	0.13
2014	87.00	11.88	0.56	0.44	0.12	73.72	24.79	0.38	0.99	0.12
2015	84.73	13.91	0.60	0.67	0.10	73.11	25.63	0.37	0.79	0.10
2016	82.03	16.33	0.70	0.85	0.08	65.31	33.50	0.27	0.84	0.08

资料来源：笔者自行计算整理。

分别比较以碳排放总量和碳排放强度为权重计算得出的类间、类内差异对总体差异的贡献率，可以发现：①两种权重下，类间差异始终是造成总体差异最主要的原因；②以碳排放强度为权重计算得出的行业类间和类内差异对总体差异的贡献率均小于以碳排放总量为权重的计算结果。

4.3.3 行业碳边际减排成本的横向与纵向差异

进一步从横向和纵向两个角度分别比较类间行业的平均边际减排成本及其演化特征。

4.3.3.1 横向差异

从各类行业边际减排成本的均值来看，Ⅰ型行业成本最高，Ⅳ型行业成本最低。除Ⅱ型行业中"32 铁路、船舶、航空航天和其他运输设备制造业"的碳边际减排成本高于Ⅰ型行业中"37 废弃资源综合利用业"以外，"低碳强"型行业的碳边际减排成本均高于"高碳强"型行业；同等碳排放强度水平下，"低排放"型行业边际减排成本均高于"高排放"型行业。说明在进行碳排放强度与总量双控的减排政策时，仍需以降低碳排放强度为主要减排控制目标，并在一定范围内限制各行业的碳排放总量。

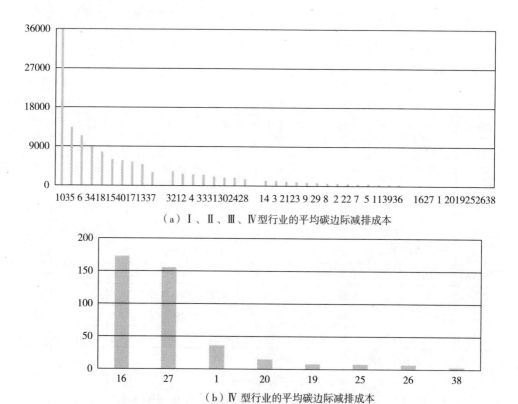

（a）Ⅰ、Ⅱ、Ⅲ、Ⅳ型行业的平均碳边际减排成本

（b）Ⅳ型行业的平均碳边际减排成本

图 4-4 四类行业的平均碳边际减排成本

从各类行业的特征来看，"低碳强"型行业比"高碳强"型行业劳动更加密集、能源消费结构更加完善、能源利用效率更高，而其所对应的减排成本也较高、减排难度也较大。因此，如进一步要求"低碳强"型行业节能减排，对其经济生产造成的负面影响也相对较大。相比之下，"高碳强"型行业资本发展模式、能源消费结构、能源利用效率均有较大的改善空间，行业的边际减排成本也相对较低，应赋予更多的减排任务。在同等碳排放强度水平下，"低碳排"型行业比"高碳排"型行业劳动更加密集、能源消费结构更完善、能源利用效率更高，边际减排成本也相对较高。因此，"高碳排"型行业也应承担更多减排义务。

4.3.3.2　纵向差异

2005~2016 年四类行业平均碳边际减排成本从大到小排序分别为Ⅰ型、Ⅱ型、Ⅲ型和Ⅳ型，其间，Ⅰ、Ⅱ、Ⅲ型行业的平均边际减排成本总体呈现上升趋势，且上升幅度较大；而Ⅳ型行业在 2005~2010 年平均边际减排成本则呈现下降趋势，2010 年之后才以非常平缓的趋势上升，这种情况一方面说明Ⅳ型行业的减排措施可能并未得到很好的实施，另一方面也有可能来自这类减排技术的提高。但无论怎样，边际减排成本的数据都表明，从经济性上看Ⅳ型行业都应该作为减排的重点行业。

表 4-11　2005~2016 年四类行业的平均
碳边际减排成本　　　　　　（单位：元/吨）

年份	Ⅰ型	Ⅱ型	Ⅲ型	Ⅳ型
2005	5282.05	1584.98	440.43	58.16
2006	5168.78	1458.16	441.84	57.36
2007	5999.34	1551.23	469.42	56.28
2008	7181.33	1628.81	486.34	56.41
2009	7868.83	1831.67	561.15	55.56
2010	7506.30	1936.06	558.91	45.47
2011	16203.10	2236.73	635.15	45.71
2012	10573.81	2376.18	727.98	47.23
2013	11359.04	2560.78	774.04	44.75
2014	13329.51	2984.64	863.06	45.55
2015	15373.18	3355.29	985.74	46.25
2016	19011.90	4150.89	1191.32	49.18
平均值	10404.77	2304.62	677.95	50.66

资料来源：笔者自行计算整理。

4.4 多情景下行业间碳交易模拟与福利效应测度

4.4.1 中国行业边际减排成本曲线的拟合

利用各行业研究期间的边际减排成本和对应的减排量来拟合边际减排成本曲线。很多学者都认同减排成本随着减排量的增加呈现单增的凸函数性质。陈文颖（2004）、李陶（2010）、崔连标（2013）、夏炎（2012）等就分别使用二次函数、对数函数、指数函数刻画了边际减排成本曲线。经过数据拟合，本研究采用 Nordhaus（1991）提出的二次函数的形式来拟合边际减排成本曲线，方程如下所示：

$$MAC(r_i) = \alpha + \beta \times \ln(1 - r_i) \tag{4-22}$$

MAC（r_i）代表减排率为 r_i 时的二氧化碳边际减排成本，r_i 代表行业 i 的碳强度减排率，α 和 β 则是待估参数。碳强度定义为每单位产值对应的二氧化碳排放量。将 2005 年各行业碳强度设置为基准线 $\overline{e}$，因此，行业 i 的碳强度减排率计算公式为：

$$r_i = \frac{\overline{e} - e}{\overline{e}} \tag{4-23}$$

很明显，公式（4-22）中的系数 β 决定了 CO_2 MAC 曲线的陡峭程度，β 一般情况下为负值，且 β 绝对值越大表明二氧化碳边际减排成本曲线上升越快，减排的难度越大。

可以看到，除了化学原料及化学制品制造业、非金属矿物制品业、黑色金属冶炼及压延加工业和电力、热力的生产供应业四个产业以外，其他多数行业的边际减排成本曲线都呈上升趋势，即随着 CO_2 减排率的提高，边际减排成本越来越高，减排难度也越来越大，实证结果基本符合预期。至于个别曲线向下倾斜的行业，一个可能的解释是这些行业在生产过程中对环境资源的消耗存在较大程度的规模效应，这意味着随着产出规模的扩大，单位产出的 CO_2 排放量呈递减趋势。因此，当我们用减排一单位二氧化碳损失的产量来衡量减排成本时，CO_2 边际减排成本在一定的减排率范围内就有可能是递减的。但是，可以想象的是，当这些行业环境资源消耗的规模效应耗尽之后，边际减排成本仍然会转而呈上升趋势。

4.4.2 中国行业间碳交易的情景设计

2009 年中国政府承诺到 2020 年单位国内生产总值二氧化碳排放量（以下简

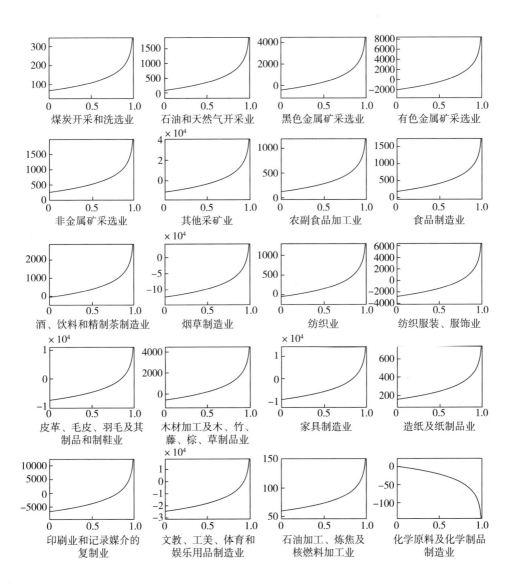

图 4 - 5 中国行业边际减排成本曲线

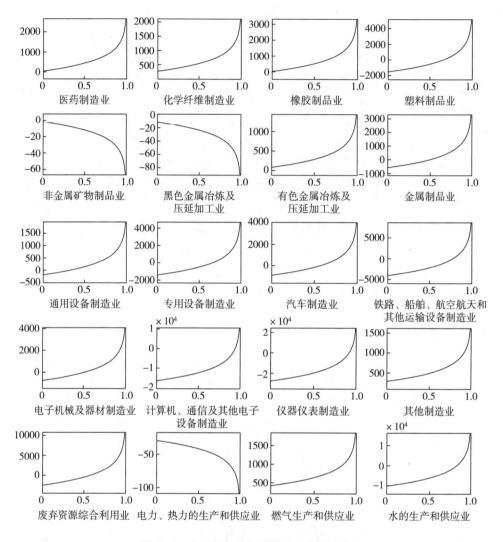

图 4 - 5　中国行业边际减排成本曲线（续）

称碳强度）将在 2005 年基础上减少 40%～45%。2015 年政府再次承诺，到 2030 年单位国内生产总值二氧化碳排放量将在 2005 年基础上减少 60%～65%。2016 年，中国国务院印发关于《"十三五"控制温室气体排放工作方法》，提出为了加快推进绿色低碳发展，将 2020 年碳强度减排目标提高到比 2015 年下降 18%。

根据目前中国政府减排的实际情况，以国务院"十三五"提出的 2020 最新减排目标和 2030 减排目标为对象，模拟研究不同目标下各行业之间的碳交易情况，并测度福利效应。

4.4.2.1　碳排放总量限额

根据中国碳强度减排目标，计算目标期中国全域内许可排放的碳总量限额。

首先，根据碳强度计算公式：

$$CI_t = \frac{C_t}{GDP_t} \tag{4-24}$$

其中，CI_t 表示第 t 年的碳强度，C_t 表示第 t 年的碳排放总量，CDP_t 表示第 t 年的国内生产总值。根据碳强度定义，2005 年全国二氧化碳排放量约为 757931.86 万吨，全国国内生产总值为 170049.58 亿元（2000 年不变价格），可以计算得出 2005 年碳强度 CI_{2005} 为 4.46 吨/万元。

其次，根据国家设定的强度减排目标，设计三类减排目标情景：

目标一：2020 年碳强度比 2015 年下降 18%。根据中国 2015 年实际碳强度约 2.61 吨/万元计算，该目标下 2020 年碳强度将下降到 2.14 吨/万元；

目标二：2030 年碳强度比 2005 年下降 60%，即 1.784 吨/万元；

目标三：2030 年碳强度比 2005 年下降 65%，即 1.561 吨/万元。

再次，根据相关研究，预估目标年份的国内生产总值。由于中国经济已经开始进入稳态增长阶段，假定 2017～2020 年的国内生产总值年增长率保持不变，根据中国社科院的《经济蓝皮书》报告，中国 GDP 年均增长率将为 6.7% 左右，由此可以计算得出 2000 年不变价格下的 2020 年国内生产总值 GDP_{2020} 为 677291.76 亿元。进一步根据国际能源署、花旗银行和世界银行对中国 2021～2030 年经济增长率的预测分别为 6.7%、5.5% 和 4.4%，取简单算术平均值 5.4% 为计算依据，得到 2030 年国内生产总值 GDP_{2030} 约为 1145992.83 亿元。

最后，根据目标年份碳强度和国内生产总值，求出目标年份的二氧化碳排放量限额 C_{2020}。

不同目标情景下 CO_2 总量排放限额预测结果如表 4-12 所示。

表 4-12　目标年度 CO_2 排放总量限额预测

指标	2005 年	2015 年	2020 年	2030 年
国内生产总值（亿元）（2000 年价格 =100）	170049.59	489726.60	677291.76	1145992.83
碳强度（吨/万元）	4.46	2.61	目标一：2.14	目标二：1.784 目标三：1.561
二氧化碳排放量（万吨）	757931.86	1279894.30	目标一：1435537.83	目标二：2044451.21 目标三：1788894.81

4.4.2.2 碳配额的分配准则

在计算出三类不同减排目标情景下全国二氧化碳排放限额后，可以根据不同的配额分配原则，将排放限额分配至各行业。配额分配可以分为免费发放和拍卖两种制度，使用拍卖方式分配配额可能会引起碳排放权价格的较大波动，所以这里分别采用100%配额免费和80%配额免费两种分配原则将碳排放限额分配到各行业。同时，免费配额采用祖父法分配，即根据各行业历史排放量来确定分配比例，这种分配方式也是欧盟温室气体排放交易市场一开始成立时所采用的配额分配方法。

4.4.2.3 六种情景设计

表4－13　情景设计

六种情景	情景介绍
情景一	减排目标：2020年碳强度比2015年下降18% 初始配额分配原则：祖父法，免费配额比例100%
情景二	减排目标：2020年碳强度比2015年下降18% 初始配额分配原则：祖父法，免费配额比例80%
情景三	减排目标：2030年碳强度比2005年下降60% 初始配额分配原则：祖父法，免费配额比例100%
情景四	减排目标：2030年碳强度比2005年下降60% 初始配额分配原则：祖父法，免费配额比例80%
情景五	减排目标：2030年碳强度比2005年下降65% 初始配额分配原则：祖父法，免费配额比例100%
情景六	减排目标：2030年碳强度比2005年下降65% 初始配额分配原则：祖父法，免费配额比例80%

4.4.3　碳交易均衡模拟

4.4.3.1 均衡价格、均衡交易量与福利效应

表4－14给出了六种交易情景下的均衡价格和均衡交易量。首先，从均衡交易价格的模拟结果看，在免费配额比例同为100%的情况下，情景一、情景三、情景五分别是2020年的18%、2030年的60%和2030年的65%强度减排目标下的交易价格，分别为71.24元/吨、236.51元/吨和305.84元/吨，随着减排目标约束的逐步增强，交易价格呈较大幅度的上升趋势。相似的情况是，在免费配额比例为80%的情况下，情景二、情景四、情景六显示的2020年18%、2030年

60% 和 2030 年 65% 强度减排目标下的交易价格分别为 56.94 元/吨、187.38 元/吨和 241.59 元/吨，交易价格同样随着减排目标的提高显著上升。

进而比较相同强度减排目标下，不同免费配额比例对均衡价格的影响。结果显示，情景一相对情景二、情景三相对情景四、情景五相对情景六的交易价格分别高出 25.1%、26.2% 和 26.6%，说明随着免费配额比例的降低，价格呈现下降趋势。造成这种情况的一个原因可能是，当免费配额比例降低之后，市场可交易的配额数量减少，进而令排放配额成为一种更为稀缺的商品，导致行业在面临更大减排压力的情况下会更多地转向自主减排，即行业在市场总的配额供给减少的同时，自动减少了配额的需求。两种力量最终作用在均衡价格上的结果取决于配额需求对于预期价格变化的反应弹性，弹性越大预期价格上升引起配额需求的缩减速度越快，一旦需求缩减超过供给则有可能引起配额价格下降；反之，如果配额需求对于预期价格变化的反应弹性较小，则表明需求强度高，面对预期价格上升，配额需求者也不会大幅度削减购买量，此时需求下降幅度如果小于供给减少幅度则会引起配额价格上升。实证结果表明，在中国行业间的碳交易市场上配额需求的价格弹性相对较大，行业留有较大的自主减排空间，缩减配额数量引起需求下降幅度超过供给，并进而引起价格下降。

均衡交易量的研究结果也在一定程度上印证了上述观点。在相同减排目标下，免费配额比例从 100% 下降到 80% 时，情景二相对情景一、情景四相对情景三、情景六相对情景五的均衡交易量分别下降了 26.2%、25% 和 25%。这意味着在免费配额比例下降时，潜在需求确实比配额供给减少的更快，进而引起价格下降。

从碳市场产生的福利效应看，随着减排约束的加强和交易量的上升，碳市场的作用逐步显现，福利效应呈上升趋势。比较情景一、情景三、情景五可以看到碳市场节约的社会减排总成本分别达到 2658.3 亿元、53854.8 亿元和 62960.7 亿元；比较情景二、情景四、情景六产生的成本节约额则分别为 2106.2 亿元、42915.7 亿元和 50221.7 亿元。同时，可以看到免费配额比例的下降似乎无助于增进福利。比较情景一和情景二，当免费配额比例从 100% 降至 80% 时，福利损失 552.1 亿元；情景三相对于情景四福利损失 10939.1 亿元；情景五相对于情景六福利损失 12738.3 亿元。

表 4-14　六种情景下均衡价格、均衡交易量及福利效应模拟结果

情景	情景一	情景二	情景三	情景四	情景五	情景六
均衡价格（元/吨）	71.24	56.94	236.51	187.38	305.84	241.59
均衡交易量（万吨）	76670	60734	242686	194149	281720	225376
全社会福利总量（亿元）	2658.3	2106.2	53854.8	42915.7	62960.7	50221.7

4.4.3.2 行业均衡交易量

图4-6表明2020年碳强度相对于2015年下降18%，且100%配额免费分配情景下各行业的实际交易量。该交易量意味着各行业最终选择的最优排放量与初始配额之间的差额，行业交易量为正值意味着实际最优排放量超过初始配额，该行业为市场的配额购买方；交易量为负值意味着实际最优排放量低于初始配额，该行业为市场的配额出售方。从模拟的结果看，该市场仅有电力、热力的生产和供应业与石油加工、炼焦及核燃料加工业两大行业为配额出售方。其中，电力、热力的生产和供应业出售额为14795万吨，占总交易量的19.3%，石油加工、炼焦及核燃料加工业的出售额为61876万吨，占总交易量的80.7%。黑色金属冶炼及压延加工业、化学原料及化学制品制造业、煤炭开采和洗选业、非金属矿物制品业、有色金属冶炼及压延加工业是市场排名前五的最大配额购买者，交易量分别占总交易量的27.03%、19%、14.31%、9.79%和9.32%。

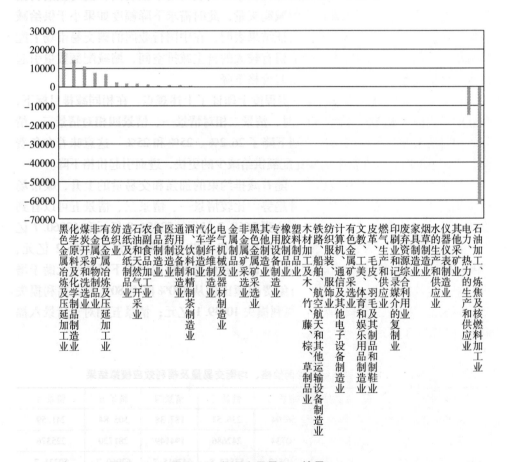

图4-6　行业交易量——情景一

图 4-7 描述了在 2020 年强度目标下，配额 80% 免费发放时各行业的交易量。模拟结果显示，仍然只有电力、热力的生产和供应业及石油加工、炼焦及核燃料加工业两大行业为配额出售方，其余行业均为配额购买方。其中，电力、热力的生产和供应业出售额为 11720 万吨，占总交易量的 19.3%，石油加工、炼焦及核燃料加工业的出售额为 49015 万吨，占总交易量的 80.7%。位列市场前五名的配额购买方及其排序与情景一相同，分别为黑色金属冶炼及压延加工业、化学原料及化学制品制造业、煤炭开采和洗选业、非金属矿物制品业、有色金属冶炼及压延加工业，其交易量占市场总交易量的比例也没有因为配额分配方式的改变而有所变动，仍然分别为 27.03%、19%、14.31%、9.79% 和 9.32%。这表明，免费配额比例本身虽然会在较大程度上影响最终的市场交易量和交易价格，但是对于交易行业作为配额购买者或出售者的身份，甚至各行业在总交易量中的占比影响程度较小。或者换句话说，后面两者对于免费配额比例的变化敏感程度非常低，在免费配额比例下降 20% 的情况下各行业的交易角色和交易量占比几乎没有变化。

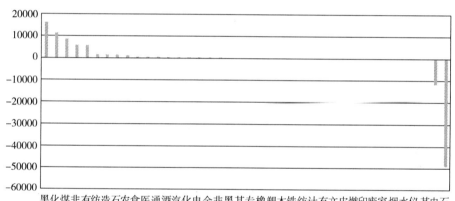

图 4-7　行业交易量——情景二

图4-8是2030年相对2005年碳强度减排60%时，配额100%免费分配情景下的行业交易量。其中，配额出售方扩展到6个行业，分别是石油加工、炼焦及核燃料加工业，有色金属冶炼及压延加工业，电力、热力的生产和供应业，煤炭开采和洗选业，废弃资源综合利用业和文教，工美、体育和娱乐用品制造业，其余行业为配额购买方。石油加工、炼焦及核燃料加工业、有色金属冶炼及压延加工业、电力、热力的生产和供应业和煤炭开采和洗选业交易量分别为205101万吨、19417万吨、12907万吨和5047万吨，分别占交易总量的84.51%、8%、5.32%和2.08%。位列购买方前五位的行业分别是黑色金属冶炼及压延加工业、非金属矿物制品业、化学原料及化学制品制造业、石油和天然气开采业、造纸及纸制品业，其交易量占总交易量的比重分别为21.82%、20.50%、113.58%、6.19%和4.96%。

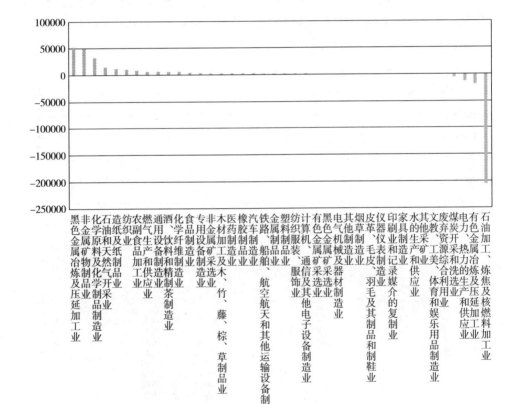

图4-8　行业交易量——情景三

图 4 - 9 描述了 2030 年碳强度相对 2005 年减排 60% 的目标下，配额 80% 免费发放时的行业交易量。可以看到，配额出售方仍然是石油加工、炼焦及核燃料加工业，有色金属冶炼及压延加工业，电力、热力的生产和供应业，煤炭开采和洗选业，废弃资源综合利用业和文教，工美、体育和娱乐用品制造业 6 个行业，且各行业交易额占比与情景三的结论完全相同。进一步分析配额购买方的情况，位列前五位的最大配额购买方的行业及其交易量占比也同情景三完全相同，这进一步证明了以下结论，即在减排目标相同情况下，各行业购买方或出售方角色担当，以及行业交易量占比对免费配额比例的变化敏感度非常低。

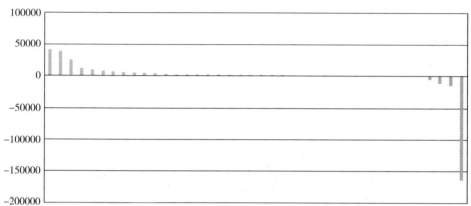

图 4 - 9 行业交易量——情景四

图 4 - 10 描述了 2030 年相对于 2005 年碳强度减排 65% 的情景下，配额 100% 免费发放时的各行业交易量。结果显示，石油加工、炼焦及核燃料加工业，电力、热力的生产和供应业，有色金属冶炼及压延加工业和废弃资源综合利用业

4个行业成为配额的出售方,各行业分别出售配额235142万吨、32397万吨、14071万吨和109万吨,分别占总交易额的83.47%、11.5%、5%和0.04%。其余行业均为配额购买方,其中位列购买方前五位的行业分别是黑色金属冶炼及压延加工业、非金属矿物制品业、化学原料及化学制品制造业、石油和天然气开采业和造纸及纸制品业,其交易量占比分别为23.52%、18.67%、15.21%、5.77%和4.69%。

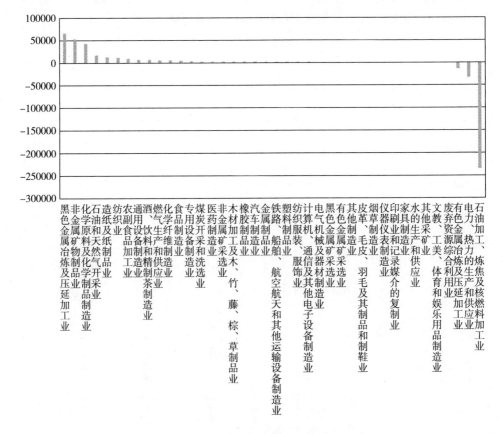

图4-10 行业交易量——情景五

图4-11描述了2030年碳强度相对于2005年下降65%的目标下,配额80%免费发放时的各行业碳配额交易量。与之前情景对比反映出来的规律相同,配额的出售方及其交易量占比与情景五完全相同。进而从购买方角度看,行业分布和交易量占比也与情景五完全相同,再次印证了免费配额比例对于交易行业角色承担及其市场占比影响较小的结论。

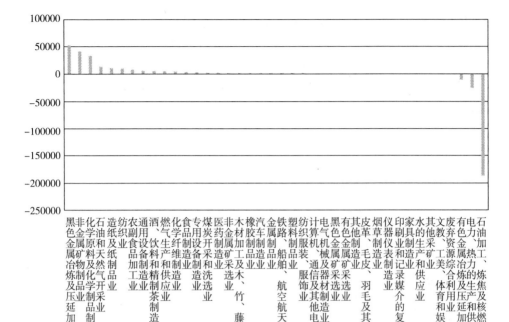

图 4 - 11　行业交易量——情景六

4.4.4　福利效应测度

图 4 - 12 描述了 2020 年碳强度比 2015 年减少 18% 的目标下，初始配额 100% 免费发放时各行业交易后的福利效应。相对于各行业自主减排情景，碳交易市场在实现上述减排目标时可节约成本 2658 亿元。其中，福利效应最显著的五个行业分别是电气机械及器材制造业、汽车制造业、有色金属冶炼及压延加工业、石油和天然气开采业和金属制品业，其碳市场的成本节约额分别占总福利效应的 9.32%、8.03%、7.41%、6.29% 和 6.20%。福利效应最小的五个行业分别是电力、热力的生产和供应业、非金属矿采选业、其他制造业、燃气生产和供应业、其他采矿业，各行业的成本节约仅分别占福利总额的 0.1% ~ 0.3%。由此产生的一个问题是，如果不能通过某些政策手段激励这些行业参与市场交易，则单纯依靠市场力量对于这些低福利效应行业参与碳交易的经济激励是远远不够

的，特别是电力、热力的生产和供应业作为最大的碳配额出售行业之一，其对于碳交易市场的整体架构几乎是不可或缺的，必须保证该类行业有足够的经济激励参与交易。各行业福利分布的不均衡性，可以利用标准差作进一步分析。2020年各行业的自碳交易市场的福利效应标准差为63.23亿元，标准差相对较大来自两方面原因，一是各行业的边际减排成本差异，二是碳交易机制设计。

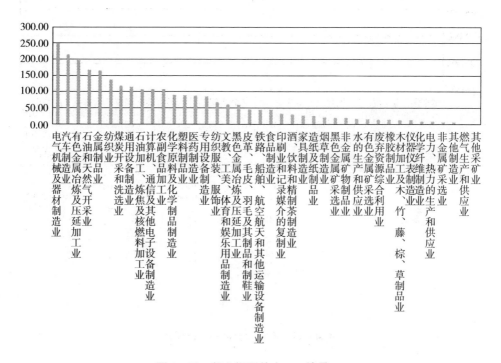

图 4-12　行业福利效应——情景一

图4-13反映了2020年碳强度相对2015年下降18%的目标下，碳配额80%免费发放时各行业交易后的福利效应。综合各行业的总体情况，相比行业自主减排情景，碳交易市场产生的总体福利效应为2106亿元，低于情景一。其中，福利效应最大的前五位行业为电气机械及器材制造业、汽车制造业、有色金属冶炼及压延加工业、石油和天然气开采业、金属制品业，其福利分别占市场福利总额的9.3%、8.02%、7.71%、6.32%和6.18%。福利效应最小的五个行业分别是化学纤维制造业、非金属矿采选业、其他制造业、燃气生产和供应业、其他采矿业，其福利占比仅在0.1%~0.3%。福利分布的行业标准差为50.7亿元，低于情景一，对于福利效应较小的行业同样需要关注和采取特殊政策提高其参与市场的积极性。

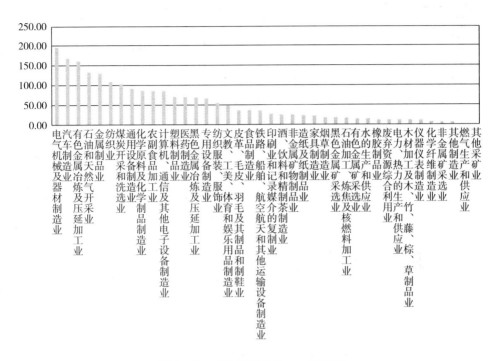

图 4 - 13 行业福利效应——情景二

图 4 - 14 反映的是 2030 年碳强度相对 2005 年下降 60% 的目标条件下，配额 100% 免费分配给各行业时各行业交易后的福利效应。相比行业自主减排情景，在完成减排目标的前提下，碳市场所实现的成本节约额为 53855 亿元。其中，福利效应最显著的五大行业为石油和天然气开采业，纺织业，农副食品加工业，通用设备制造业，酒、饮料和精制茶制造业，福利占比分别为 15.94%、8.51%、8.22%、7.69% 和 5.74%。福利效应最小的五个行业分别为煤炭开采和洗选业，其他采矿业，电力、热力的生产和供应业，废弃资源综合利用业，文教、工美、体育和娱乐用品制造业，其福利效应占总福利的比例均不超过 0.1%。福利效应的行业标准差为 1640 亿元。与情景一和情景二的结果相比较，可以看到随着减排目标约束的加强，福利效应有所加强，情景三的福利效应分别是情景一和情景二的 20 倍和 25 倍。同时，福利在不同行业间的分布情况也会有较大的变化，相对于情景一和情景二，情景三的行业福利标准差分别扩大了 26 倍和 51 倍。

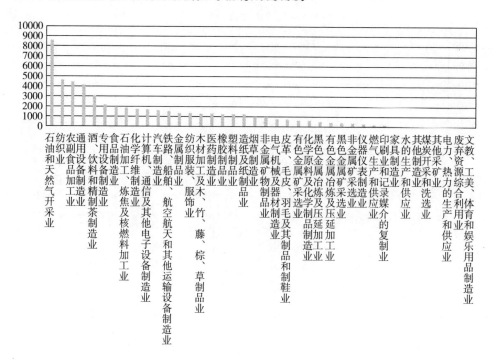

图 4-14 行业福利效应——情景三

图 4-15 反映的是 2030 年相对于 2005 年碳强度下降 60% 的目标条件下,碳配额的 80% 被免费分配额各行业时交易后的行业福利效应。此情景下的行业福利总额为 42916 亿元,低于情景三。其中,福利效应最显著的五大行业分别是石油和天然气开采业,纺织业,农副食品加工业,通用设备制造业、酒、饮料和精制茶制造业,福利效应分别占全行业福利总效应的 16.03%、8.6%、8.28%、7.72%、5.78%。福利效应最小的五个行业分别为电力、热力的生产和供应业,煤炭开采和洗选业,其他采矿业,废弃资源综合利用业,文教、工美、体育和娱乐用品制造业,福利占比均在 0.15% 以下。各行业的福利标准差达到 1310 亿元,相对低于情景三。

图 4-16 是 2030 年碳强度相对 2005 年下降 65% 的目标下,配额 100% 免费分配给各行业时交易后的行业福利效应。可以看到,各行业福利效应总额为 62961 亿元,相比情景一~情景四进一步增大。从福利效应的行业分布看,效应最显著的五个行业仍然分别是石油和天然气开采业,纺织业,农副食品加工业,通用设备制造业、酒、饮料和精制茶制造业,福利占比分别达到行业总额的 15.23%、9.03%、8.19%、7.31% 和 5.38%。福利效应最小的五个行业也仍然还是停留在电力、热力的生产和供应业,煤炭开采和洗选业,其他采矿业,废弃

资源综合利用业，文教、工美、体育和娱乐用品制造业上，福利占比均不超过 0.1%。行业福利效应的标准差为 1864 亿元，相比情景一~情景四均有所增大。

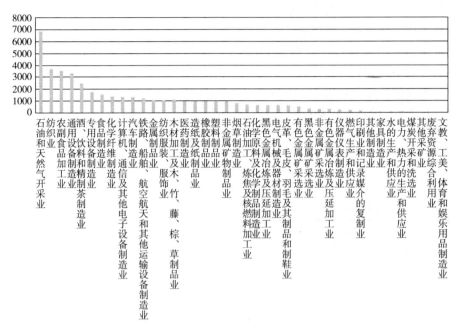

图 4-15　行业福利效应——情景四

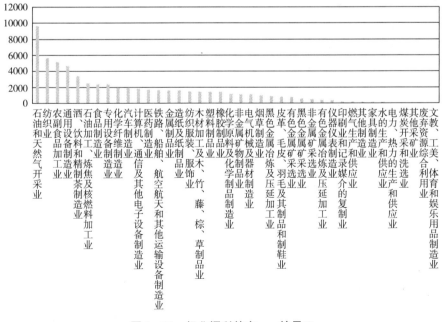

图 4-16　行业福利效应——情景五

图 4-17 是 2030 年相对于 2005 年碳强度下降 65% 的目标下，配额 80% 免费分配给各行业时的福利效应。综合所有行业得自碳市场的福利总效应为 50222 亿元，低于情景五，但仍大于情景一～情景四。福利效应最显著的五大行业分别是石油和天然气开采业、纺织业、农副食品加工业、通用设备制造业、酒、饮料和精制茶制造业，福利占比分别为 15.29%、9.11%、8.24%、7.32% 和 5.42%。福利效应最小的五个行业分别是水的生产和供应业、煤炭开采和洗选业、其他采矿业、废弃资源综合利用业、文教、工美、体育和娱乐用品制造业，福利占比均不超过 0.2%。各行业福利标准差为 1485 亿元，低于情景五。

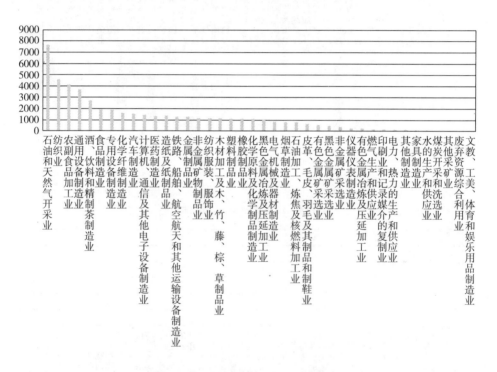

图 4-17 行业福利效应——情景六

4.5 多情景比较研究

4.5.1 多情景下行业角色承担比较

表 4-15 给出了不同交易情景下，各行业作为配额购买者或出售者的角色承

担情况。在所有六种不同的假设情景中，行业承担的交易角色呈现出比较大的稳定性，石油加工、炼焦及核燃料加工业及电力、热力的生产和供应业这两大行业始终担任卖方角色，这在一定程度上说明，作为出售者的两大行业相对于其他行业而言存在非常明显的碳减排成本优势，以致在不同的减排目标约束下以及在不同免费配额比例条件下都始终选择保持低排放，并从配额出售中获取利益。另外，在个别情景下担任卖方角色的行业还包括煤炭开采和洗选业、文教、工美、体育和娱乐用品制造业、有色金属冶炼及压延加工业和废弃资源综合利用业等行业，其余行业全部作为配额购买方参与交易。

表 4－15　多情景下各行业市场交易角色

行业	2020 年强度减排 18% 目标		2030 年强度减排 60% 目标		2030 年强度减排 65% 目标	
	100% 免费配额	80% 免费配额	100% 免费配额	80% 免费配额	100% 免费配额	80% 免费配额
煤炭开采和洗选业	买方	买方	卖方	卖方	买方	买方
石油和天然气开采业	买方	买方	买方	买方	买方	买方
黑色金属矿采选业	买方	买方	买方	买方	买方	买方
有色金属矿采选业	买方	买方	买方	买方	买方	买方
非金属矿采选业	买方	买方	买方	买方	买方	买方
其他采矿业	买方	买方	买方	买方	买方	买方
农副食品加工业	买方	买方	买方	买方	买方	买方
食品制造业	买方	买方	买方	买方	买方	买方
酒、饮料和精制茶制造业	买方	买方	买方	买方	买方	买方
烟草制造业	买方	买方	买方	买方	买方	买方
纺织业	买方	买方	买方	买方	买方	买方
纺织服装、服饰业	买方	买方	买方	买方	买方	买方
皮革、毛皮、羽毛及其制品和制鞋业	买方	买方	买方	买方	买方	买方
木材加工及木、竹、藤、棕、草制品业	买方	买方	买方	买方	买方	买方
家具制造业	买方	买方	买方	买方	买方	买方
造纸及纸制品业	买方	买方	买方	买方	买方	买方
印刷业和记录媒介的复制业	买方	买方	买方	买方	买方	买方

续表

行业	2020 年强度减排 18% 目标		2030 年强度减排 60% 目标		2030 年强度减排 65% 目标	
	100% 免费配额	80% 免费配额	100% 免费配额	80% 免费配额	100% 免费配额	80% 免费配额
文教、工美、体育和娱乐用品制造业	买方	买方	买方	买方	买方	买方
石油加工、炼焦及核燃料加工业	卖方	卖方	卖方	卖方	卖方	卖方
化学原料及化学制品制造业	买方	买方	买方	买方	买方	买方
医药制造业	买方	买方	买方	买方	买方	买方
化学纤维制造业	买方	买方	买方	买方	买方	买方
橡胶制品业	买方	买方	买方	买方	买方	买方
塑料制品业	买方	买方	买方	买方	买方	买方
非金属矿物制品业	买方	买方	买方	买方	买方	买方
黑色金属冶炼及压延加工业	买方	买方	买方	买方	买方	买方
有色金属冶炼及压延加工业	买方	买方	卖方	卖方	卖方	卖方
金属制品业	买方	买方	买方	买方	买方	买方
通用设备制造业	买方	买方	买方	买方	买方	买方
专用设备制造业	买方	买方	买方	买方	买方	买方
汽车制造业	买方	买方	买方	买方	买方	买方
铁路、船舶、航空航天和其他运输设备制造业	买方	买方	买方	买方	买方	买方
电气机械及器材制造业	卖方	买方	买方	买方	买方	买方
计算机、通信及其他电子设备制造业	买方	买方	买方	买方	买方	买方
仪器仪表制造业	买方	买方	买方	买方	买方	买方
其他制造业	买方	买方	买方	买方	买方	买方
废弃资源综合利用业	买方	买方	卖方	卖方	卖方	卖方

续表

行业	2020 年强度减排 18% 目标		2030 年强度减排 60% 目标		2030 年强度减排 65% 目标	
	100% 免费配额	80% 免费配额	100% 免费配额	80% 免费配额	100% 免费配额	80% 免费配额
电力、热力的生产和供应业	卖方	卖方	卖方	卖方	卖方	卖方
燃气生产和供应业	买方	买方	买方	买方	买方	买方
水的生产和供应业	买方	买方	买方	买方	买方	买方

4.5.2 多情景下行业交易量与行业福利效应比较

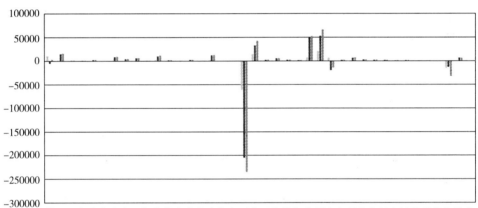

（a）

图 4-18 减排目标约束对行业碳交易量的影响

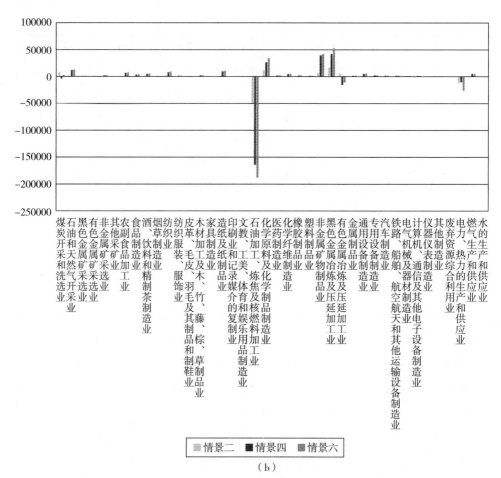

图 4 - 18　减排目标约束对行业碳交易量的影响（续）

图 4 - 18 反映了不同的减排约束目标对于行业碳交易量的影响。图（a）和图（b）分别对比了 100% 免费配额和 80% 免费配额情况下，2020 年相比 2015 年强度减排 18%、2030 年相比 2005 年强度减排 60% 和 65% 三大减排目标对行业均衡交易量的影响。综合来看，随着减排约束逐步增强，市场总的交易量逐步增大，但是行业分布相对比较稳定，最大的配额出售者主要集中于石油加工、炼焦及核燃料加工业、电力、热力的生产和供应业、有色金属冶炼及压延加工业等行业，最大的配额购买者主要集中于黑色金属冶炼及压延加工业、非金属矿物制品业、化学原料及化学制品制造业等。

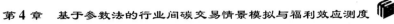

图4-19反映了不同免费配额比例对于行业碳交易量的影响。其中图（a）、图（b）和图（c）分别对比了在三大减排目标下，当免费配额比例达到100%和80%时的行业均衡交易量。可以从图中直观地看到，在所有三种不同的减排目标约束下，行业交易量对比曲线的高度不同，表明免费配额比例影响各行业的均衡交易总量，但同时行业对比曲线的形状基本完全吻合，则表明免费配额比例基本不影响行业在市场上的交易地位，各行业交易量占比基本保持不变。这也就是说，免费配额比例虽然影响行业的均衡交易量，具有比较明显的总量效应，但是却不具有显著的结构效应，且对交易量的行业分布影响甚微。

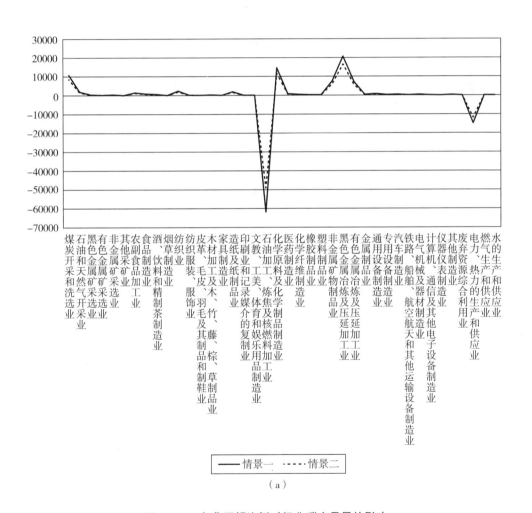

（a）

图4-19　免费配额比例对行业碳交易量的影响

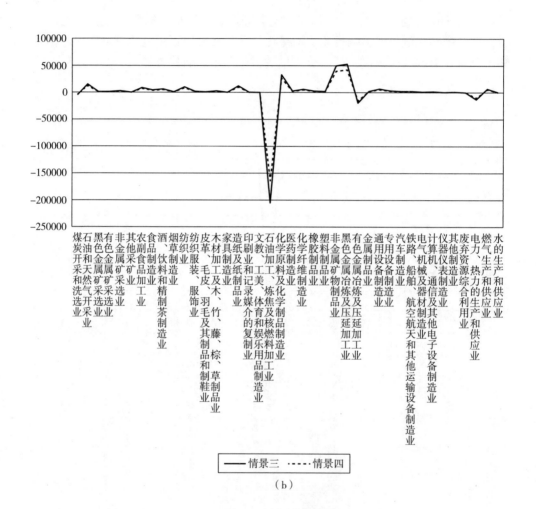

图 4 – 19 免费配额比例对行业碳交易量的影响（续）

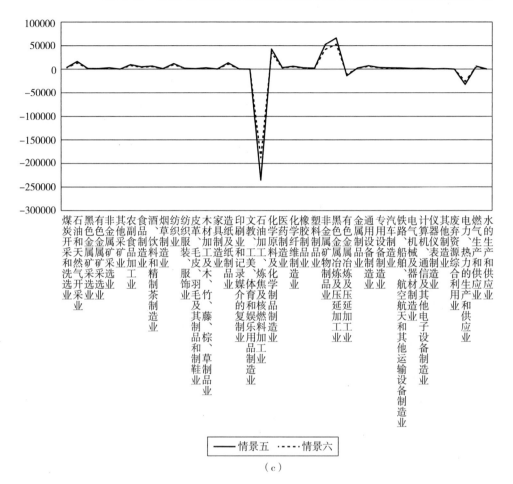

（c）

图 4 - 19　免费配额比例对行业碳交易量的影响（续）

图 4 - 20 反映了减排目标对行业福利效应的影响。图（a）和图（b）分别
描述了免费配额比例为 100% 和 80% 时，三大减排目标约束下的行业福利效应。
可以看到，随着碳减排约束目标提高，碳市场交易规模逐步增大，与之相对应的
福利效应也逐步增强，这意味着较高的减排目标约束对碳交易市场存在的价值具
有决定性影响。在 2020 年减排目标下，碳市场的福利效应主要集中在电气机械
及器材制造业、汽车制造业、有色金属冶炼及压延加工业、石油和天然气开采业
和金属制品业等行业，在 2030 年两大减排目标下碳市场的福利效应则开始转向
石油和天然气开采业、纺织业、农副食品加工业、通用设备制造业、酒、饮料和
精制茶制造业等行业。这表明，不同的减排目标约束不仅影响福利总量，具有总
量效应，而且影响福利在行业间的分布，并产生一定的结构效应。

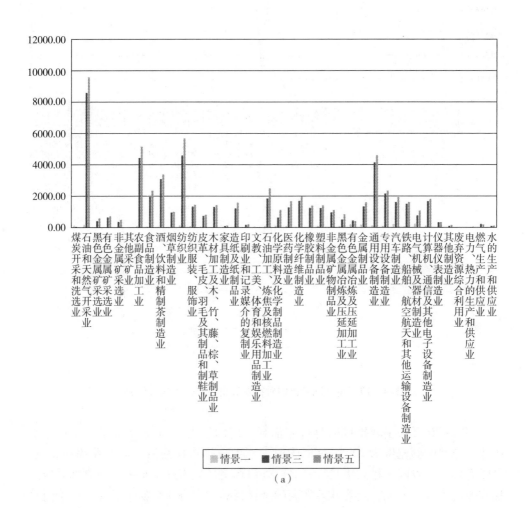

图 4 - 20　减排目标约束对行业福利效应的影响

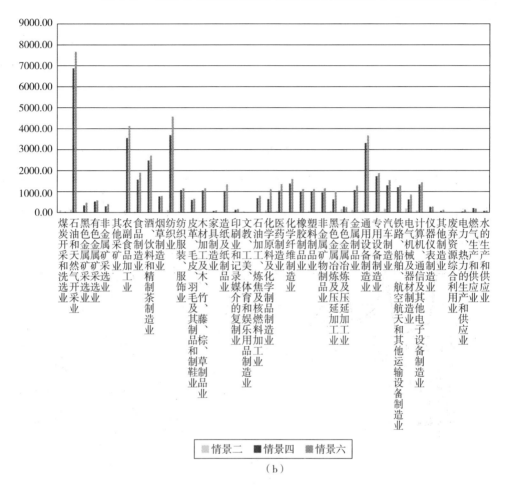

（b）

图 4-20　减排目标约束对行业福利效应的影响（续）

图 4-21 反映了免费配额比例对于行业福利效应的影响。图（a）、图（b）和图（c）分别对比了在三大减排目标下，当免费配额为 100% 和 80% 时的行业福利效应，与之前对行业交易量的影响方式非常近似，从福利对比曲线的高度看，在所有三种减排目标约束下，免费配额比例下降都会引起各行业的自碳交易市场的福利缩减，这主要是由于行业选择减少交易量造成的。但是另外，不同免费配额比例下福利对比曲线的形状却高度吻合，这表明免费配额比例对于福利在不同行业之间的分布影响较小，对福利的结构效应不显著。

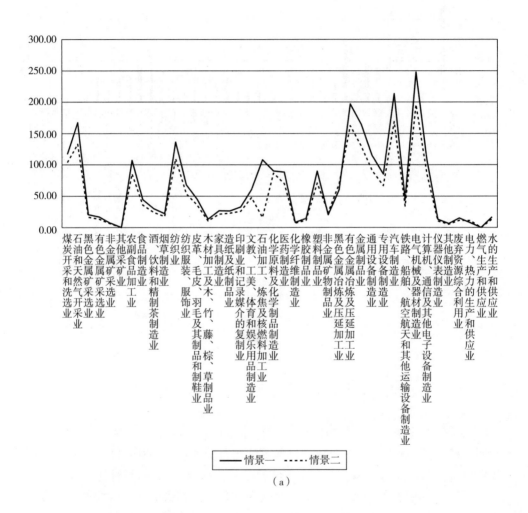

（a）

图 4 - 21　免费配额比例对行业福利效应的影响

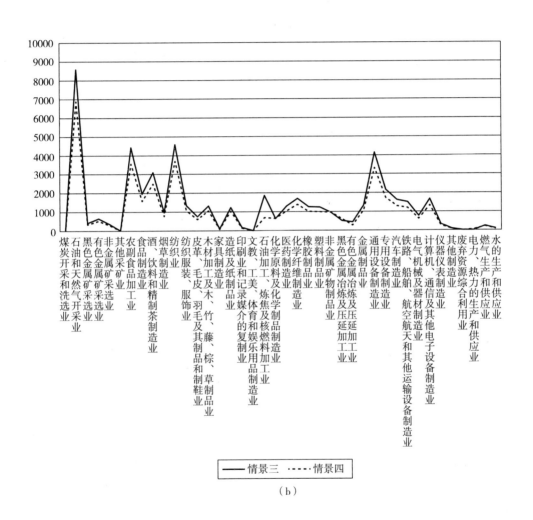

图 4 - 21 免费配额比例对行业福利效应的影响（续）

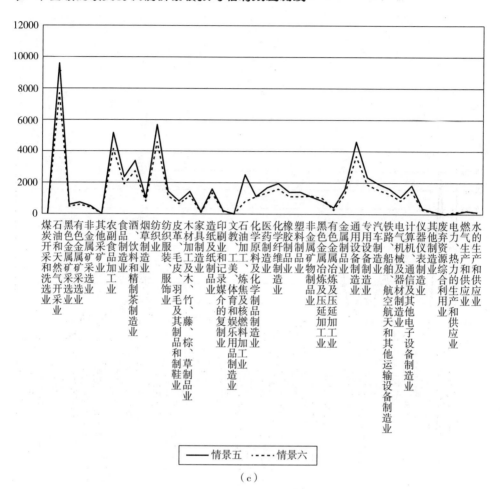

（c）

图 4－21　免费配额比例对行业福利效应的影响（续）

第 5 章　基于非参数法的行业间碳交易
情景模拟与福利效应测度

本章内容主要集中在以下三方面：①采用非参数化的方向性距离函数构造环境效应指数，以单位 CO_2 排放变化所导致的前沿产出变化来估算工业分行业 CO_2 的影子价格；②为了明确 CO_2 影子价格的同质性和异质性，从碳强度角度对工业行业进行分类研究，以期发现不同类别碳强度行业的影子价格及其时间变化趋势的不同；③从分类行业中选取典型案例进行深入研究。

5.1　基于非参数法的行业 CO_2 影子价格模型

5.1.1　产出可能性边界

企业在生产过程中产生期望产出的同时会伴随非期望产出的产生，通常把期望产出称之为好产出，非期望产出称之为坏产出。假设用 y 来表示好产出，b 表示坏产出，x 表示投入向量。此处将坏产出纳入多产出的生产效率衡量框架，基于 Färe et al.（2005）的环境技术构建包括好产出和坏产出的产出可能性边界：

$$P(x) = \{(y, b): x \ can \ produce(y, b)\} \qquad (5-1)$$

集合 $P(x)$ 表示 K 种要素投入所能生产的好产出 y 和坏产出 b 的所有组合，其中投入向量 $x_k(k=1, \cdots, K) \in M_+^k$，好产出 $y_u(u=1, \cdots, U) \in M_+^u$，坏产出 $b_v(v=1, \cdots, V) \in M_+^v$。为了使同时包含了好产出和坏产出的环境技术具体化和模型化，在此需要用到一些假设：

（1）投入要素具有强可处置性或自由可处置性。强可处置性意味着投入增加时，好产出至少不会减少，即 $x_1 \leqslant x_2$，则 $P(x_1) \subseteq P(x_2)$；

（2）好产出强可处置性。好产出的强可处置性表明，如果既定的好产出和坏产出的产出组合是可行的，那么当其他条件不变时，只减少好产出的产出组合也是可行的。也就是说可以不费任何代价的减少好产出，即若 $(y, b) \in P(x)$，且 $y_1 \leqslant y$，那么 $(y_1, b) \in P(x)$；

（3）好产出和坏产出的弱可处置性。弱可处置性意味着坏产出的减少不是免费的，通常伴以好产出的减少为代价。若 $(y, b) \in P(x)$，$0 \leqslant \alpha \leqslant 1$，则 $(\alpha y, \alpha b) \in P(x)$；

（4）零结合性。该性质说明了非期望产出与期望产出是属于联合生产的，除非不生产，否则要生产期望产出，就必然产生非期望产出。即若 $(y, b) \in P(x)$，$b = 0$，则 $y = 0$。

参照 Färe et al.（1994）的做法，用数学模型表达满足上述条件的环境技术。假定决策单元 $i = 1, \cdots, I$，其投入产出矩阵为 $(X_{(I \times K)}, Y_{(I \times U)}, B_{(I \times V)})$。使用这些投入、好产出和坏产出的数据，可以构造规模报酬不变条件下的环境技术，从而构造基于一定环境技术的产出可能性边界。

$$P(x) = \begin{cases} \lambda Y \geqslant y_{i,u}, & u = 1, \cdots, U \\ \lambda X \leqslant x_{i,k}, & k = 1, \cdots, K \\ \lambda B = b_{i,v}, & v = 1, \cdots, V \\ \lambda_i \geqslant 0, & i = 1, \cdots, I \end{cases} \tag{5-2}$$

其中，X、Y 和 B 代表所有决策单位的投入矩阵和好、坏产出矩阵。λ 为强度列向量，表示一个单位的资源在多大程度上被用来投入生产，即把前沿内决策单位映射到该生产前沿之上的权重。环境技术构建了在一定的技术效率和投入向量下的产出可能性边界，即好产出和坏产出生产的最大集合。

5.1.2　方向性环境距离函数

方向性环境距离函数就是在给定方向、投入和技术结构下，期望产出增加同时非期望产出减少的可能性。它可以完整地描述生产过程的全部特征，继承了产出可能性边界的所有性质。假设好产出和坏产出满足上述环境技术的假设，CO_2 排放没有环境管制约束。

图 5-1 展示了传统谢波德（Shephard）距离函数和方向性距离函数的基本差异。谢波德产出距离函数是一条经过观察点 A 的射线，好产出和坏产出同比例增加到前沿产出 D 点，表明好产出的增加必然会伴随着污染的增加，不可能出现好产出增加污染减少的情况。不同于谢波德产出距离函数，方向性距离函数是一条经过观察点 A 点的射线，沿着方向性向量 $g = (g_y, -g_b)$ 的方向增加到前沿产出 B 点，方向性距离函数提出了好产出增加同时坏产出减少的可能性。方向性环境距离函数不仅决定于环境技术，还决定于方向向量 $g = (g_y, -g_b)$。因此，当方

向向量 $g = (1,0)$，方向性产出距离函数就变成了谢波德的产出距离函数，这说明前者是后者的一般形式。

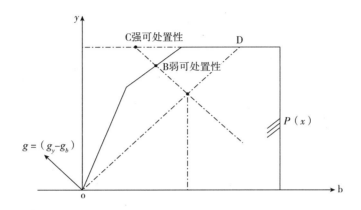

图 5-1　谢波德距离函数与方向性距离函数

根据 Färe et al.（2001）的思想，用方向性环境距离函数作为环境技术的函数表达式。设方向向量 $g = (g_y, -g_b)$，并且假设 $g \neq 0$，则方向性环境产出距离函数可以表示为：

$$\vec{D}_0(y, x, b; g_y, -g_b) = \sup[\delta: (y + \delta g_y, b - \delta g_b) \in P(x)] \tag{5-3}$$

在这里，给定投入 x，δ 就是在给定技术下期望产出增加，非期望产出同时减少的最大可行数量。

如图 5-1 所示，方向向量 $g = (g_y, -g_b)$，A 点为某一个决策单位目前的产出组合。A 点处于一定技术效率下的生产前沿内部，由于高能耗、高排放等因素引起的生产无效性使得生产单位 A 具有通过节能减排在现有技术效率和投入的基础上进一步增加期望产出和减少非期望产出的可能性。A 点到 C 点的移动体现了非期望产出具有自由可处置性的假设，意味着非期望产出的减少不需要以好产出的减少为代价。此时 δ 等于 AC/Og，但是在现实中，降低非期望产出不可能不花费代价，肯定要占用生产好产出的资源，导致在给定技术效率和投入水平下好产出的减少，所以贴近现实情况的技术假设应该是弱可处置性假设。这里采用好产出和坏产出具有弱可处置性假设，此时 $\delta = AB/Og$，表示期望产出增加和非期望产出同时减少的最大可行数量。

5.1.3　方向性环境生产前沿函数

5.1.3.1　静态方向性环境生产前沿函数

方向性环境生产前沿函数与方向性环境距离函数之间的关系为：

$$R(y, x, b; g_y, -g_b) = (1 + D_0(y, x, b; g_y, -g_b))y \qquad (5-4)$$

取方向性向量 $g = (g_y, -g_b)$ 为 $(y, -b)$，其经济含义是好产出和坏产出都是在现有基础上比例性增减。构造以 t 期为基准的静态方向性环境生产前沿函数为：

$$R^t(y_i^t, x_i^t, b_i^t; y_i^t, -b_i^t) = \max_{\lambda, \delta}(1+\delta)y_i^t \qquad (5-5)$$

$$\lambda_i Y_{I \times U}^t \geq (1+\delta)y_{i,u}^t, \quad u = 1, \cdots, U$$

$$\lambda_i X_{I \times K}^t \leq x_{i,k}^t, \quad k = 1, \cdots, K$$

$$\lambda_i B_{I \times V}^t = (1-\delta)b_{i,v}^t, \quad v = 1, \cdots, V$$

$$\lambda_i \geq 0, \quad i = 1, \cdots, I$$

同样在 $P^{t+1}(x^{t+1})$ 的静态方向性环境生产前沿函数为

$$R^{t+1}(y_i^{t+1}, x_i^{t+1}, b_i^{t+1}; y_i^{t+1}, -b_i^{t+1}) = \max_{\lambda, \delta}(1+\delta)y_i^{t+1} \qquad (5-6)$$

$$\lambda_i Y_{I \times U}^{t+1} \geq (1+\delta)y_{i,u}^{t+1}, \quad u = 1, \cdots, U$$

$$\lambda_i X_{I \times K}^{t+1} \leq x_{i,k}^{t+1}, \quad k = 1, \cdots, K$$

$$\lambda_i B_{I \times V}^{t+1} = (1-\delta)b_{i,v}^{t+1}, \quad v = 1, \cdots, V$$

$$\lambda_i \geq 0, \quad i = 1, \cdots, I$$

5.1.3.2 动态方向性环境生产前沿函数

动态方向性生产前沿函数通过引进时间变化的因素，考察属于不同时期的污染与前沿产出之间的关系，用动态分析的方法论述当环境技术和投入不变时，污染变化对产出的影响。在衡量污染变化对产出的影响时，既可以以 t 期的产出和投入作为基准，也可以以 $t+1$ 期的产出和投入作为基准，观察由 b^t 到 b^{t+1} 对前沿产出的影响。下面首先构造以 t 期的产出和投入作为基准的动态环境生产前沿函数：

$$R^t(y_i^t, x_i^t, b_i^{t+1}; y_i^t, -b_i^t) = \max_{\lambda, \delta}(1+\delta)y_i^t \qquad (5-7)$$

$$\lambda_i^t Y_{I \times U}^t \geq (1+\delta)y_{i,u}^t, \quad u = 1, \cdots, U$$

$$\lambda_i^t X_{I \times K}^t \leq x_{i,k}^t, \quad k = 1, \cdots, K$$

$$\lambda_i^t B_{I \times V}^t = b_{i,v}^{t+1} - \delta b_{i,v}^t, \quad v = 1, \cdots, V$$

$$\lambda_i^t \geq 0, \quad i = 1, \cdots, I$$

其次构造以 $t+1$ 期为基准的动态环境生产前沿函数：

$$R^{t+1}(y_i^{t+1}, x_i^{t+1}, b_i^t; y_i^{t+1}, -b_i^{t+1}) = \max_{\lambda, \delta}(1+\delta)y_i^{t+1} \qquad (5-8)$$

$$\lambda_i Y_{I \times U}^t \ge (1 + \delta) y_{i,u}^t, \quad u = 1, \cdots, U$$

$$\lambda_i X_{I \times K}^t \le x_{i,k}^t, \quad k = 1, \cdots, K$$

$$\lambda_i B_{I \times V}^t = b_{i,v}^t - \delta b_{i,v}^{t+1} \quad v = 1, \cdots, V$$

$$\lambda_i \ge 0, \quad i = 1, \cdots, I$$

变量 λ_i 是强度变量，既是反映决策单元评价技术效率的权重，同时也是衡量技术结构的参数，$X_{I \times K}^T$ 和 $Y_{I \times U}^T$ 分别是所有生产者在 t 期的投入向量和产出向量，$X_{I \times K}^{T+1}$ 和 $Y_{I \times U}^{T+1}$ 分别是所有生产者在 t+1 期的投入向量和产出向量。

根据环境技术的弱可处置性假设可知，若 $b_1 > b_2$，则 $R^t(y^t, x^t, b_1^t; y^t, -b^t) \ge R^t(y^t, x^t, b_2^t; y^t, -b^t)$，其经济意义就是治理污染会占用一部分好产出的投入，使得不治理污染相对于治理污染具有额外的增长。如图 5-2 所示，在环境技术 $P^t(x^t)$ 下，生产者 A 和 B 沿着方向性向量 $g_1 = (y^t, -b^t)$ 投射到环境技术前沿上的点分别为 A_1 和 B_1，此时生产者 A 和 B 的前沿函数的差异为 $R^t(y_i^t, x_i^t, b_i^{t+1}; g_1)$ 和 $R^t(y_i^t, x_i^t, b_i^t; g_1)$ 的差。在环境技术 $P^{t+1}(x^{t+1})$ 下，生产者 C 和 D 沿着方向性向量 $g_2 = (y^{t+1}, -b^{t+1})$ 投射到环境技术前沿上的点分别为 C_1 和 D_1，前沿产出差异为 $R^{t+1}(y_i^{t+1}, x_i^{t+1}, b_i^{t+1}; g_2)$ 与 $R^{t+1}(y_i^{t+1}, x_i^{t+1}, b_i^t; g_2)$ 之差。在相同的技术环境下，生产者在环境生产前沿上的差异就是在技术结构和投入一定时，仅污染变化对产出的影响。

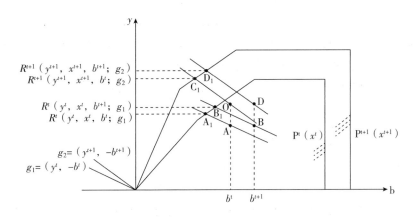

图 5-2　方向性环境生产前沿函数

5.1.4　CO_2 影子价格模型

根据环境技术的假设，好产出和坏产出具有联合弱处置性，在环境技术 $P(x)$ 下减少坏产出，好产出就会随之减少，这就是环境管制的产出效应。基于环境生产前沿函数和实际产出之间的关系，实际产出变化可以分解为环境技术效率的变化和环境生产前沿的变化两个部分。如果保持环境技术效率不变，衡量环境生产前沿的变化对产出的影响，又涉及参照基准选择的问题。此时，可以以 t 期的产出和投入作为基准，观察 $R^t(y_i^t, x_i^t, b_i^t; y_i^t, -b_i^t)$ 和 $R^t(y_i^t, x_i^t, b_i^{t+1}; y_i^t, -b_i^t)$ 的变化；也可以以 $t+1$ 期的产出和投入作为基准，观察 $R^{t+1}(y_i^{t+1}, x_i^{t+1}, b_i^t; y_i^{t+1}, -b_i^{t+1})$ 和 $R^{t+1}(y_i^{t+1}, x_i^{t+1}, b_i^{t+1}; y_i^{t+1}, -b_i^{t+1})$ 的变化。为避免参照基准选择的随意性，根据 Fisher（1992）的指数理论思想，也参照 Caves et al.（1998）以及 Färe et al.（1998）指数方法，此处选取两种基准所得环境生产前沿变化指数的几何平均值。进而，基于环境生产前沿函数与 CO_2 排放之间的关系，构造环境污染变化边际产出效应 ME 指数：

$$ME = \left[\frac{R^t(y^t, x^t, b^{t+1}; y^t, -b^t)}{R^t(y^t, x^t, b^t; y^t, -b^t)} \times \frac{R^{t+1}(y^{t+1}, x^{t+1}, b^{t+1}; y^{t+1}, -b^{t+1})}{R^{t+1}(y^{t+1}, x^{t+1}, b^t; y^{t+1}, -b^{t+1})} \right]^{\frac{1}{2}} - 1$$

$$(5-9)$$

ME 指数衡量在技术效率 $P(x)$、产出水平 y、投入向量 x，以及方向向量 g 不变的条件下，污染排放变化（从 b^t 到 b^{t+1}）导致的前沿产出的变化（从 $R(y, x, b^t; y, -b)$ 到 $R(y, x, b^{t+1}; y, -b)$）。

本研究以 CO_2 作为坏产出，由于坏产出 CO_2 未经过市场交易，没有市场价格。因此，首先需要依据 CO_2 与好产出的关系估算其影子价格。在投入和技术效率一定的条件下，以及在实行环境管制时，CO_2 的排放量减少，相较于没有环境管制的情况，产出会随之减少。不对环境治理增加投入时，CO_2 排放量增加，投入到产出的要素增加，产出自然增加。所以 CO_2 增加（减少）一个单位所造成的产出的变化就是 CO_2 的影子价格。将生产水平（$y_{i,t}, x_{i,t}, b$）下，单位 CO_2 变化导致环境前沿产出的变化量定义为 CO_2 的影子价格，可得 CO_2 的影子价格为：

$$CSP = \frac{y_{i,t-1} \times ME_{i,t}}{CO_{2i,t} - CO_{2i,t-1}}$$

$$(5-10)$$

这里，i 表示第 i 个生产单位，t 表示时期。根据 CO_2 影子价格的经济意义可知，当 CO_2 排放量变化方向不同时，CO_2 的影子价格具有不对称性。CO_2 排放量减少时，CO_2 的影子价格表示单位 CO_2 排放减少所造成的产出减少量，此时希望影子价格越低越好；CO_2 排放增加时，CO_2 的影子价格表示单位 CO_2 排放增加所造成产出的增加量，此时影子价格越高越好。

5.2　行业 CO_2 影子价格估算

5.2.1　数据来源

在整个国民经济产业体系中，工业行业的能源消耗与 CO_2 排放量占绝大比例，因而成为经济、环境、资源协调性研究的重点领域。此处，以我国 36 个工业行业作为基本研究单元，以工业增加值为产出指标，CO_2 排放量为污染指标，资本存量、年平均从业人数和能源消耗总量为投入指标来研究 36 个工业行业 2005～2015 年的影子价格。相关指标数据的来源和处理方法如下：

（1）工业增加值。利用 2005 年各行业的工业增加值分别乘以中国统计局公布的工业行业增加值累计增速求得各个行业的工业增加值，单位为亿元。

（2）资本存量。利用永续盘存法来估计每年的实际资本存量，此处主要参考了陈诗一（2011）已有的研究成果，并按照其公布的方法将资本存量序列扩展到 2015 年，以 2005 年不变价格计算，单位为亿元。

（3）年平均从业人数。根据《中国人口统计年鉴》和第一、第二、第三次经济普查，以及第六次人口普查的数据整理得出全工业行业年平均从业人数，单位为万人。

（4）能源消耗量。来自历年《中国能源统计年鉴》公布的工业各行业的能源消耗总量，单位为万吨。

（5）二氧化碳排放数据。现有的研究机构尚无分行业的二氧化碳排放数据，但由于二氧化碳排放主要来源于化石能源的消费。为精确起见，这里将能源消费细分为八大类主要能源消费，包括原煤、焦炭、原油、汽油、柴油、煤油、天然气、燃料油。所有能源消费数据皆取自历年《中国能源统计年鉴》。CO_2 排放量根据各种能源的折煤系数和碳排放系数计算求得。在此基础上，乘以将碳原子质量转换为二氧化碳分子质量的转换系数 44/12 即可。折煤系数和碳排放系数摘自《能源统计报表制度（2010）》和《IPCC 国家温室气体清单指南》。

5.2.2　变量的统计特征

（1）行业间工业品出厂价格指数不平衡。以不变价格的行业工业增加值对价格指数进行加权平均，按 2005 年工业品出厂价格水平，2006 工业行业出厂价格指数上涨 3.15%，2009 年上涨 7.18%，2012 年上涨 18.89%，2015 年增加

6.86%。如果只采用行业间的简单平均，2006年上涨3.56%，2009年上涨8.82%，2012年上涨22.73%，2015年增加12.80%，均高于同期加权平均价格指数，说明工业增加值较小的行业价格增长较快。

（2）行业间固定资产投资价格指数。由于中国没有公布工业分行业的固定资产投资指数。所以在本研究中，所有行业使用统一的固定资产投资价格指数进行折算。总体上，固定资产投资价格2015年相对于2005年累计增加15.52%，价格上涨幅度较大。价格上涨最快的是2008年，相对于上年价格上涨了8.9%。2009年和2015年的固定资产投资价格指数则分别比上年下降了2.4%和1.8%。

表5-1　投入、产出、价格及环境技术效率变量的统计性描述

变量	观察数	平均值	标准差	最小值	最大值
工业增加值（亿元）	396	4332.89	4006.46	3.7	21217
工业产品价格指数（2005＝100）	396	113.58	18.40	78.80	186.75
资本存量（亿元）	396	12283.90	15305.34	218.2	109125.36
固定资产投资价格指数（2005＝100）	11	115.93	10.00	100	126.24
年平均就业人数（百万人）	396	341.71	278.55	0.3	1479.57
工业能源消耗总量（万吨标煤）	396	6499.75	11903.2	101.68	69342.42
工业 CO_2 排放量（万吨）	396	24112.25	63265.34	0.76	381628.06

資料来源：中国统计局月度数据、2003～2016年《中国统计年鉴》、2003～2016年《中国能源统计年鉴》、2006～2016年《中国劳动统计年鉴》、第一、第二、第三次经济普查和第六次人口普查数据整理。

（3）工业行业从业人数总体趋势呈上升状态。我国工业行业的从业人数在2005～2015年有升有降，但是随着经济的发展，总体趋势呈上升状态。

（4）工业增加值和资本存量。工业增加值以2005年为基期，在2005～2015年保持较快的增长速度，由2005年的76231.07亿元增加到2015年的241435.83亿元，增加了165204.76亿元，超过2倍。在2005～2015年，每年的固定资产投资大于当年折旧，使得资本存量逐年递增，由2005年的146671.47亿元增加到2015年的914895.13亿元，增加了768223.67亿元，累计增幅达5倍多。

（5）能源消耗量。本研究采用各行业的能源消耗总量来代表工业资源性原材料投入，一方面因为能源消耗总量和 CO_2 排放量直接相关，另一方面能源为不可再生资源，其使用效率关系到经济的可持续发展。

5.2.3　实证结果与分析

5.2.3.1　CO_2 影子价格及其行业差异

利用 MATLAB（2016a）对模型进行数据处理，我们估算了 CO_2 排放的产出

效应和影子价格。首先，我们从两方面理解 CO_2 排放的产出效应：一是产出的边际效应，即在技术效率和投入不变的条件下，由于 CO_2 增加或减少导致产出的变化率，用 ME 指数表示；二是产出的绝对效应，即在技术效率和投入不变时，CO_2 变化所引起的产出的变化量。由于方向性环境生产前沿函数的弱可处置性假设，减少污染总会付出代价，所以 CO_2 的产出效应总是和 CO_2 排放量变化的方向一致。在增加 CO_2 排放时，产出效应大于 0，表明 CO_2 变化会导致产出增加。减少 CO_2 排放时，产出效应小于 0，表明 CO_2 变化会导致产出减少。表 5 - 2 根据碳强度值将 36 个工业行业分成高碳行业和低碳行业两类，并计算了各行业 2006～2015 年产出的平均边际效应和平均绝对效应。其中，低碳类行业中烟草制品业、通信设备、仪器仪表、交通运输设备、专用设备等行业因碳排放总量减少，产量的年平均边际效应分别为 - 2.81%、- 1.46%、- 0.81%、- 0.01%、- 4.18%；绝对效应分别达到 - 71.10 亿元、- 88.70 亿元、- 6.26 亿元、- 0.26 亿元、- 74.88 亿元。其余低碳类行业的产出边际效应和绝对效应均为正值。低碳类行业平均边际效应为 6.25%，绝对效应达到 60.97 亿元，表明这些行业碳排放总量仍处于增长区间，并在一定程度上拉动产出增加。高碳类行业中石油和天然气开采业、其他采矿业、燃气生产和供应业三大产业边际效应为负，分别为 - 0.65%、- 1.54%、- 13.44%，绝对效应分别达到 - 33.30 亿元、- 0.06 亿元、- 19.08 亿元，其余行业均为正值。高碳类行业平均边际效应为 5.75%，平均绝对效应达到 155.37 亿元，表明绝大多数高碳行业碳排放总量也仍然处于上升阶段，并成为拉动产出增长的重要力量。

表 5 - 2　分行业 CO_2 排放的产出效应与影子价格（2006～2015 年平均值）

项目	碳强度 （吨/万元）	边际效应 （%）	绝对效应 （亿元）	影子价格 （元/吨）
低碳行业				
烟草制品业	0.05	- 2.81	- 71.10	40897.95[3]
通信设备、计算机及其他电子设备制造业	0.06	- 1.46	- 88.70	83891.78[1]
仪器仪表及文化、办公用机械制造业	0.07	- 0.81	- 6.26	62618.54[2]
电气机械及器材制造业	0.14	11.19	425.19	34179.63[4]
皮革、毛皮、羽毛（绒）及其制品业	0.15	4.88	49.22	29684.80[5]
家具制造业	0.16	8.52	34.36	29449.05[6]
印刷业和记录媒介的复制业	0.17	8.77	44.16	28107.05[7]
纺织服装、鞋、帽制造业	0.21	0.98	14.99	21360.56[9]
文教体育用品制造业	0.23	17.51	71.72	23839.87[8]

续表

项目	碳强度 （吨/万元）	边际效应 （%）	绝对效应 （亿元）	影子价格 （元/吨）
低碳行业				
交通运输设备制造业	0.27	-0.01	-0.26	16727.58[11]
水的生产和供应业	0.28	4.03	11.66	17583.98[10]
金属制品业	0.33	6.57	118.95	13991.53[12]
专用设备制造业	0.34	-4.18	-74.88	13776.49[14]
有色金属矿采选业	0.38	8.95	40.50	12352.63[15]
通用设备制造业	0.42	1.88	58.69	10831.94[16]
橡胶和塑料制品业	0.46	3.22	64.34	9903.63[17]
医药制造业	0.51	12.67	208.87	9251.71[18]
木材加工及木、竹、藤、棕、草制品业	0.55	32.58	195.97	13940.23[13]
类平均	0.27	6.25	60.97	26243.83
高碳行业				
农副食品加工业	0.65	10.02	291.10	7346.11[19]
饮料制造业	0.67	8.73	115.54	7074.70[20]
黑色金属矿采选业	0.75	13.91	61.01	5918.10[21]
纺织业	0.88	10.30	358.12	5710.29[22]
食品制造业	0.97	7.20	89.68	4758.18[23]
石油和天然气开采业	1.21	-0.65	-33.30	4044.59[24]
其他采矿业	1.69	-1.54	-0.06	2575.20[26]
非金属矿采选业	1.86	5.50	16.65	2417.16[27]
化学纤维制造业	1.90	3.75	19.92	2591.47[25]
有色金属冶炼及压延加工业	3.21	19.90	402.47	1654.08[28]
造纸及纸制品业	3.45	3.32	40.72	1345.90[29]
化学原料及化学制品制造业	5.72	9.72	452.85	822.86[30]
燃气生产和供应业	6.95	-13.44	-19.08	733.67[31]
非金属矿物制品业	7.00	7.01	211.43	649.43[32]
煤炭开采和洗选业	7.88	6.67	200.75	608.39[33]
黑色金属冶炼及压延加工业	12.69	4.97	299.72	371.55[34]
电力、热力的生产和供应业	30.52	2.87	177.20	157.59[35]
石油加工、炼焦及核燃料加工业	59.96	5.27	112.00	82.62[36]
类平均	8.22	5.75	155.37	2714.55

资料来源：各年《中国统计年鉴》及 2003～2016 年《中国能源统计》数据整理计算得出，上角标为影子价格降序排列号。

表 5-2 同时给出了 36 个二位数工业行业在 2006~2015 年 CO_2 影子价格的平均值,其中全行业 CO_2 平均影子价格为 14299.26 元/吨。具体到各行业,CO_2 影子价格最低的前五个行业分别为石油加工、炼焦及核燃料加工业,电力、热力生产和供应业,黑色金属冶炼及压延加工业,煤炭开采和洗选业,燃气生产和供应业,其碳价分别为 82.62 元/吨、157.59 元/吨、371.55 元/吨、608.39 元/吨和 733.67 元/吨,这五个行业都是 CO_2 排放密集度较高的重化工业,同时也都属于高碳强度行业。而 CO_2 影子价格最高的前五个行业则分别为通信设备、计算机及其他电子设备制造业,仪器仪表及文化、办公用机械制造业,烟草制品业,电气机械及器材制造业,皮革、毛皮、羽毛(绒)及其制品业,其碳价分别为83891.78 元/吨、62618.54 元/吨、40897.95 元/吨、34179.63 元/吨和 29684.80元/吨。这五个行业均属于污染密集度较低的装备制造业和高新技术行业,同时也都属于低碳强度行业。这些数据表明 CO_2 影子价格具有较强的行业异质性,这在同类文献中也得到了证实。陈诗一(2010)利用参数方法和非参数方法对中国工业二氧化碳影子价格进行度量,结果显示轻工业行业的影子价格绝对值高于重工业行业。

CO_2 减排的实质是能源的利用效率问题,不同行业由于能源需求与 CO_2 排放量不同,资源利用效率参差不齐,导致进一步减排的难度大不相同,且减排成本差异较大。碳强度高的行业由于 CO_2 排放的基数大,加上资源利用效率还有很大的改善空间,因此减少一单位 CO_2 排放相对比较容易,所需要付出的代价也相对较低。相反,碳强度低的行业由于本身排放基数小,同时资源利用效率较高,要在本身 CO_2 排放基数就很小的基础上进一步减少排放所面临的难度会比较大,所需要付出的代价也因此较高。将全部行业按照影子价格进行排序的结果显示,除了个别行业外,多数行业的碳强度和 CO_2 影子价格之间存在一个反向关系。表5-2 中低碳类行业影子价格均值为 26243.83 亿元,远远高于高碳类行业 2714.55亿元的价格均值。而高、低碳类行业内部也存在相似特征,低碳类行业中通信设备、计算机及其他电子设备制造业的碳强度较低,仅为 0.6 万吨/亿元,其 CO_2影子价格在低碳行业中最高为 83891.78 元/吨;高碳类行业内部,石油加工、炼焦及核燃料加工业碳强度最高为 59.96 万吨/亿元,而影子价格最低,只有 82.62元/吨。

5.2.3.2 CO_2 影子价格的时间趋势

图 5-3 分别描述了 2006~2015 年全工业行业、高碳强度行业和低碳强度行业的 CO_2 平均影子价格随时间变化的趋势。可以看出,全工业行业 CO_2 排放的平均影子价格有一个明显的上涨趋势。除了 2014 年 CO_2 的影子价格为 17667.3元/吨,相对于上年的 18057.24 元/吨略有下降外,其他年份 CO_2 的影子价格均

处于上升状态。从2006年的7644.92元/吨增加到2015年的20765.58元/吨。高碳强度行业的CO_2影子价格在2006~2015年处于一个较低的水平上，平均为2657.32元/吨，远低于全行业平均水平，并且CO_2影子价格随着时间上涨趋势不明显。低碳强度行业的CO_2影子价格处在一个较高的水平上，平均为26019.80元/吨，并且随着时间有一个明显的上涨趋势。这表明高碳强度行业对全工业行业CO_2平均影子价格的上涨影响较为有限，全工业行业的CO_2平均影子价格上涨趋势主要是由低碳强度行业价格上升带动的。CO_2影子价格的上升趋势说明了以下两方面的问题：一是增加一单位的CO_2排放量能够带来更多的工业增加值；二是反过来，想要减少一单位的CO_2也同样需要付出更多的代价。这种随时间递增的影子价格表明，随着决策单位资源利用效率越来越高，CO_2排放强度下降，重置给定资源来减排的空间变小，且所需要付出的代价逐步增大。

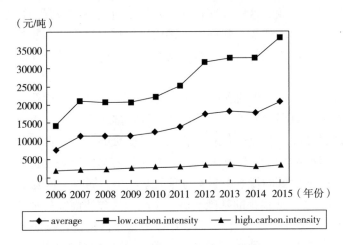

图5-3　2006~2015年行业平均CO_2影子价格变化趋势

5.2.4　典型案例研究

5.2.4.1　低碳强度行业——通信设备、计算机及其他电子设备制造业

通信设备、计算机及其他电子设备制造业是国家大力支持的高新技术行业，属于低碳强度、高影子价格的典型行业，碳强度远远低于工业整体平均水平，并且随着时间进一步的降低，表明该行业技术效率整体较高且随着时间提升较快。从表5-3中可以看到，2005~2016年通信设备、计算机及其他电子设备制造业CO_2排放总量累计减少66.25万吨，由此造成工业增加值累计下降4.57%（累计边际效应），即887亿元（累计绝对效应）。由于CO_2排放量在整个研究期间既有增加的年份又有减少的年份，各年之间碳排放对产出的增加效应和减少效应存

在相互抵消，如果仅对产出的绝对效应简单加总会弱化 CO_2 排放变化对产出的影响。所以，接下来我们分别计算 CO_2 排放增加和减少各自对产出的贡献。CO_2 排放在 2005~2008 年、2012 年和 2015 年增加了 366.13 万吨。相应地，工业增加值增加了 2627.83 亿元，占相应年份累计工业增加值的比率为 4.32%；其他年份 CO_2 排放量减少 432.37 万吨，工业增加值减少 3514.83 亿元，占相应年份累计值的 4.88%。因此，从总体上分析，2005~2016 年 CO_2 减排所造成的损失要大于 CO_2 排放增加的所得。

工业虚拟增长率是假定 CO_2 排放量保持不变时工业增加值增长的速度，它等于实际增长率加上因为 CO_2 减排所降低的工业增长率（即边际效应）。依此计算，通信设备、计算机及其他电子设备制造业在 2006~2015 年的虚拟增长率为 19.24%、17.21%、-1.91%、8.25%、17.02%、28.82%、2.7%、21.82%、12.62%、10.32%，10 年平均为 13.82%，而不是实际的 13.36%，工业增长速度年均减少 0.46%，这也就是 2006~2015 年通信设备、计算机及其他电子设备制造业减少 CO_2 排放所付出的代价。

从表 5-3 可以看出，通信设备、计算机及其他电子设备制造业的 CO_2 影子价格在整个考察期内明显增加，从 2006 年的 45055.22 元/吨增加到 2015 年的 159635.88 元/吨，在此期间 CO_2 的平均影子价格为 83891.78 元/吨，居全工业最高水平，表明行业内部资源利用效率较高，增加一单位的 CO_2 排放会带来较多的产出增长，反之亦反。整个行业资源利用效率高，而且消耗的资源较少，意味着要在本身 CO_2 排放基数就很小的基础上进一步减少排放所面临的难度更大，所需要付出的代价也更高。

表 5-3　通信设备、计算机及其他电子设备制造业 CO_2 排放的
产出效应与影子价格（2005~2015 年）

年份	CO_2 排放量（万吨）	工业增加值（亿元）	碳强度（吨/万元）	实际增长率（%）	虚拟增长率（%）	边际效应（%）	绝对效应（亿元）	影子价格（元/吨）
2005	669.28	6057.02	0.110	—	—	—	—	—
2006	680.92	7274.48	0.094	20.10	19.24	0.86	52.44	45055.22
2007	692.16	8583.88	0.081	18.00	17.21	0.79	57.89	51497.32
2008	898.05	9613.95	0.093	12.00	-1.91	13.90	1193.66	57976.80
2009	845.78	10123.49	0.084	5.30	8.25	-2.95	-283.97	54329.36
2010	843.68	11834.36	0.071	16.90	17.02	-0.13	-12.57	59884.36
2011	623.63	13716.02	0.045	15.90	28.82	-12.92	-1529.34	69501.00
2012	758.81	15375.66	0.049	12.10	2.7	9.40	1289.19	95369.34

年份	CO₂排放量（万吨）	工业增加值（亿元）	碳强度（吨/万元）	实际增长率（%）	虚拟增长率（%）	边际效应（%）	绝对效应（亿元）	影子价格（元/吨）
2013	605.97	17113.11	0.035	11.30	21.82	-10.52	-1617.35	105821.78
2014	600.85	19200.91	0.031	12.20	12.62	-0.42	-71.60	139846.76
2015	603.03	21217.00	0.028	10.50	10.32	0.18	34.65	159635.88

资料来源：各年《中国统计年鉴》和2006~2016年《中国能源统计年鉴》数据整理计算得出。

5.2.4.2 高碳强度行业——电力、热力的生产与供应业

电力、热力的生产和供应业属于高碳强度、低CO_2影子价格的典型行业。在2005~2015年，电力、热力的生产和供应业CO_2排放量占整个工业总排放量的35%，而增加值仅占工业增加值总量的6.43%，行业能源消耗和碳排放与工业增加值之间不匹配。

由表5-4可见，2005~2015年电力、热力的生产与供应业CO_2排放量年均增长4.58%，排放量从2005年的214232.92万吨增加到2015年的335349.40万吨，10年累计增长56.53%。以不变价格计算的工业增加值年均增长7.58%，从

表5-4 电力、热力的生产与供应业CO_2排放的
产出效应和影子价格（2005~2015年）

年份	CO₂排放量（万吨）	工业增加值（亿元）	碳强度（吨/万元）	实际增长率（%）	虚拟增长率（%）	边际效应（%）	绝对效应（亿元）	影子价格（元/吨）
2005	214232.92	6173.84	34.70					
2006	243041.89	6988.79	34.78	13.20	6.69	6.51	402.02	139.55
2007	265638.35	7953.24	33.40	13.80	9.25	4.55	317.66	140.58
2008	274559.32	8637.22	31.79	8.60	6.93	1.67	132.44	148.46
2009	291196.08	9155.45	31.81	6.00	3.01	2.99	257.84	154.98
2010	304195.87	10162.55	29.93	11.00	8.79	2.21	202.13	155.49
2011	343269.78	11188.97	30.68	10.10	3.87	6.23	632.94	161.99
2012	350341.48	11748.42	29.82	5.00	3.98	1.02	114.66	162.14
2013	381628.06	12476.82	30.59	6.20	1.83	4.37	513.35	164.08
2014	354847.46	12751.31	27.83	2.20	5.77	-3.57	-445.72	166.43
2015	335349.40	12815.07	26.17	0.50	3.29	-2.79	-355.28	182.21

资料来源：各年《中国统计年鉴》和2003~2016年《中国能源统计年鉴》数据整理计算得出。

2005 年的 6173. 84 亿元增加到 2015 年的 12815. 07 亿元，增幅 1 倍左右。碳强度在整个考察期间有升有降，但总体上呈下降趋势，从 2005 年的 34. 7 吨/万元下降到 2015 年的 26. 17 吨/万元，能源利用效率有较大提升。在保持技术效率和投入不变的条件下，2005 ~ 2015 年 CO_2 排放量的增加累计带来 1772 亿元的产出增加（累计绝对效应）。但是由于 2014 年和 2015 年 CO_2 排放量分别减少 26780. 6 万吨和 19498 万吨，CO_2 排放量对产出的增加效应和减少效应相互抵消，弱化了 CO_2 排放对产出的影响。若仅仅考虑 CO_2 增加的年份，CO_2 排放对工业增长的年均贡献率为 3. 69%。综合考虑 CO_2 排放的减少与增加，电力、热力的生产与供应业的年虚拟增长速度为 4. 97%，低于实际 7. 58% 的增长速度，这意味着碳减排使该行业每年付出 2. 61% 的增长代价。

电力、热力的生产和供应业的 CO_2 影子价格在 2006 ~ 2015 年变化不明显，2006 年 CO_2 的影子价格为 139. 55 元/吨，到了 2015 年也只有 182. 21 元/吨，远远低于全国平均水平。这一方面表明增加一单位的 CO_2 排放量能够给该行业带来的产出增加是极为有限的；另一方面也表明该行业减少一单位的 CO_2 所需付出的代价也相对较低，减排空间相对较大。

5.3　多情景下行业间碳交易模拟与福利效应测度

5.3.1　中国行业边际减排成本曲线的拟合

可以看到，除了化学原料及化学制品制造业，非金属矿物制品业，黑色金属冶炼及压延加工业和电力、热力的生产供应业四个产业以外，其他多数行业的边际减排成本曲线都呈上升趋势，即随着 CO_2 减排率的提高，边际减排成本越来越高，减排难度也越来越大，实证结果基本符合预期。至于个别曲线向下倾斜的行业，一个可能的解释是这些行业在生产过程中对环境资源的消耗存在较大程度的规模效应，这意味着随着产出规模的扩大，单位产出的 CO_2 排放量呈递减趋势。因此，当我们用减排一单位 CO_2 损失的产量来衡量减排成本时，CO_2 边际减排成本在一定的减排率范围内就有可能是递减的。但是，可以想象的是，当这些行业环境资源消耗的规模效应耗尽之后，边际减排成本仍然会转而呈上升趋势。

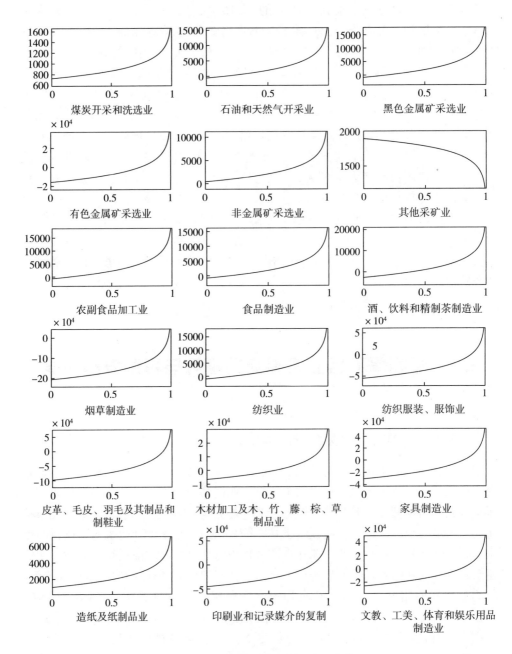

图 5 - 4　中国行业边际减排成本曲线

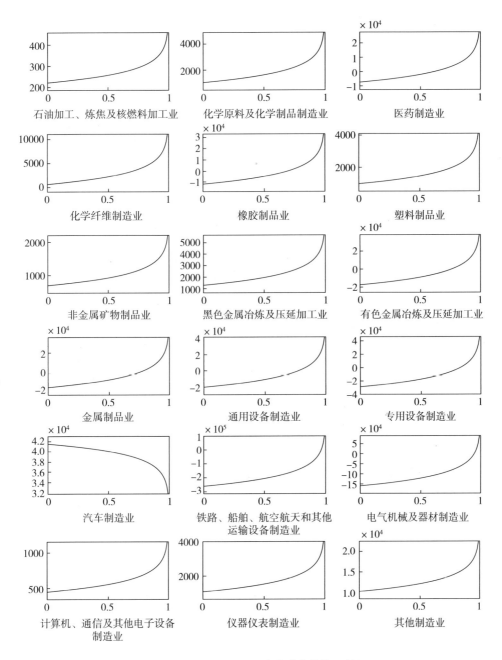

图 5-4 中国行业边际减排成本曲线（续）

5.3.2 中国行业间碳交易的情景设计

5.3.2.1 碳排放总量限额

总量限额的计算方法和计算依据同4.4.2节内容，则目标年度碳排放总量限额如表5-5所示。

表5-5 目标年度 CO_2 排放总量限额预测

指标	2005 年	2015 年	2020 年	2030 年
国内生产总值（亿元） （2000 年价格＝100）	170049.59	489726.60	677291.76	1145992.83
碳强度（吨/万元）	4.46	2.61	目标一：2.14	目标二：1.784 目标三：1.561
二氧化碳排放量（万吨）	757931.86	1279894.30	目标一：1435537.83	目标二：2044451.21 目标三：1788894.81

5.3.2.2 碳配额的分配准则

与第4章初始配额分配准则相同，此处也假定参加碳交易的各行业初始配额依据各自的历史排放量计算在总排放许可量中所占的比例（即"祖父法"），同时假定总排放许可分别按照100%免费发放和80%免费发放两种情景进行分配。

5.3.2.3 六种情景设计

表5-6 情景设计

六种情景	情景介绍
情景一	减排目标：2020 年碳强度比 2015 年下降 18% 初始配额分配原则：祖父法，免费配额比例 100%；
情景二	减排目标：2020 年碳强度比 2015 年下降 18% 初始配额分配原则：祖父法，免费配额比例 80%；
情景三	减排目标：2030 年碳强度比 2005 年下降 60% 初始配额分配原则：祖父法，免费配额比例 100%；
情景四	减排目标：2030 年碳强度比 2005 年下降 60% 初始配额分配原则：祖父法，免费配额比例 80%；
情景五	减排目标：2030 年碳强度比 2005 年下降 65% 初始配额分配原则：祖父法，免费配额比例 100%；
情景六	减排目标：2030 年碳强度比 2005 年下降 65% 初始配额分配原则：祖父法，免费配额比例 80%

5.3.3 　碳交易均衡模拟

5.3.3.1 　均衡价格和均衡交易量

表 5 - 7 给出了六种模拟情景下碳交易市场的均衡价格和均衡交易量。在 100% 免费配额比例下，情景一、情景三、情景五分别代表 2020 年碳强度较 2015 年减排 18%、2030 年碳强度较 2005 年减排 60% 和 65% 三种减排强度目标逐步升级时的市场均衡。结果显示，市场交易价格随着碳强度目标的升级而逐步提高，情景一、情景三、情景五的均衡价格分别为 61.77 元/吨、361.50 元/吨和 545.72 元/吨。在免费配额比例为 80% 时，情景二、情景四、情景六分别对应于情景一、情景三、情景五的强度目标，市场模拟交易的结果显示出同样的规律，且随着碳强度的提高，碳配额资源的稀缺性逐步增强，带动碳价呈上升趋势。情景二、情景四、情景六的均衡价格分别为 49.37 元/吨、287.85 元/吨和 433.49 元/吨。

表 5 - 7 　六种情景下均衡价格和均衡交易量模拟结果

情景	情景一	情景二	情景三	情景四	情景五	情景六
均衡价格（元/吨）	61.77	49.37	361.50	287.85	545.72	433.49
均衡交易量（万吨）	42349	33879	133583	106866	77487	61989
社会福利总量（亿元）	700.7	564.3	10685.1	8655.2	15904.8	12906.3

当我们针对相同的碳强度目标约束，横向比较不同免费配额比例对碳价的影响时，发现当免费配比例从 100% 下降到 80% 时，在所有的强度目标约束下，均衡碳价都有所降低，这和第 4 章中的模拟结果是基本一致的。其中，情景二相比情景一、情景四相比情景三、情景六相比情景五的价格下降幅度均在 20% 左右。这表明，随着免费比例的下降和碳配额资源的稀缺性增强，各行业更多地转向碳市场的替代性途径，即更多地依赖行业的自主减排，当这种替代弹性足够大时，碳市场需求的下降幅度有可能远超过配额供给减少的幅度，并最终拉动价格下降。碳配额资源供给和需求的同步减少，对均衡交易量形成了双向挤压，在上述各对比情景中，碳配额的交易数量也分别下降了 20% 左右。

从碳市场产生的福利效应看，随着减排约束的加强，碳市场的作用逐步显现，福利效应呈上升趋势。比较情景一、情景三、情景五可以看到碳市场节约的社会减排总成本分别达到 700.7 亿元、10685.1 亿元和 15904.8 亿元；比较情景二、情景四、情景六产生的成本节约额则分别为 564.3 亿元、8655.2 亿元和 12906.3 亿元。同时，可以看到免费配额比例的下降无助于增进福利。比较情景一和情景二,当免费配额比例从 100% 降至 80% 时,福利损失 135.7 亿元;情景三相对于情景四福利损失 2029.9 亿元;情景五相对于情景六福利损失 2998.5 亿元。

5.3.3.2　行业均衡交易量

进一步分析交易量在行业间的分布状态。图 5-5 显示了 100% 免费配额比例下,2020 年碳强度相比 2015 年下降 18% 时的行业交易量。该交易量代表了各行业的实际碳排放与初始免费配额之间的差额,正值代表购买量,负值代表出售量。结果显示,石油加工、炼焦及核燃料加工业、煤炭开采和洗选业是最主要的两大购买行业,交易量分别为 37870.28 万吨和 3477.31 万吨,分别占总交易量的 89.42% 和 8.21%;非金属矿物制品业,黑色金属冶炼及压延加工业,化学原料及化学制品制造业,电力、热力的生产和供应业,造纸及纸制品业是位列前五位的最大配额出售者,交易量分别为 15774.64 万吨、8176.52 万吨、84482.21 万吨、2601.70 万吨和 1461.14 万吨,分别占总交易量的 37.25%、19.31%、11.53%、6.14% 和 3.45%。值得注意的是石油加工、炼焦及核燃料加工业在第 4 章

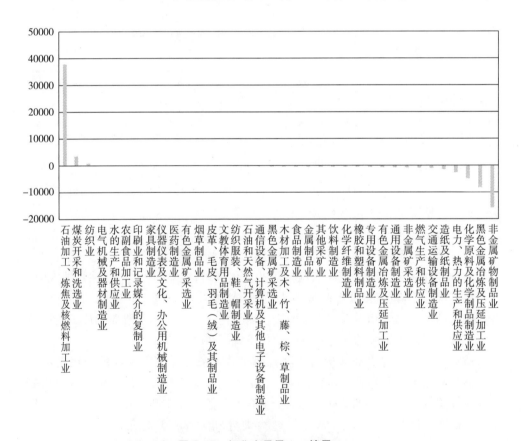

图 5-5　行业交易量——情景一

情景一中是最大的配额出售者,而此处确实最大的配额购买者,其主要原因是第4 章通过参数法求得的该行的边际减排成本曲线相对于本章利用非参数法求得的曲线平缓很多,代表随着减排率上升边际减排成本变化平稳,导致行业更多地依赖自主减排,节约的配额更多地提供到市场,这是在第 4 章该行业成为最大配额出售者的主要原因。由此可见,边际减排成本的不同估算方法对于模拟结果至关重要,类似的情景还发生在非金属矿物制品业、黑色金属冶炼及压延加工业、化学原料及化学制品制造业中。

图 5 - 6 描述了在 80% 免费配额比例下,2020 年碳强度相比 2015 年下降18% 的行业交易量。与情景 1 的模拟结果非常相似,石油加工、炼焦及核燃料加工业、煤炭开采和洗选业是最主要的两大购买行业,同时也是两个最大的配额购买行业,其交易量分别占总交易量的 89.42% 和 8.21% 。最大的配额出售者仍然是非金属矿物制品业、黑色金属冶炼及压延加工业、化学原料及化学制品制造

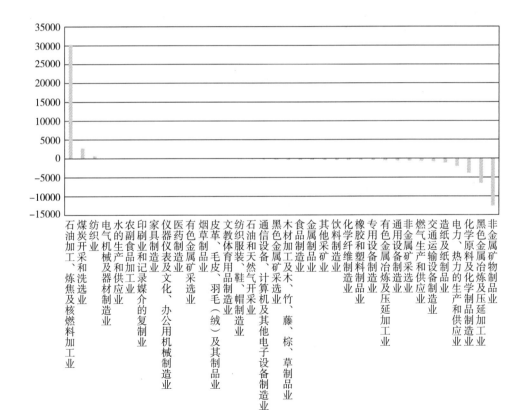

图 5 - 6　行业交易量——情景二

业、电力、热力的生产和供应业、造纸及纸制品，销售占比与情景一的结果也完全相同。这一模拟结果再次印证了第4章中的结论，即免费配额比例本身虽然会在较大程度上影响最终的市场交易量和交易价格，但是对于交易行业作为配额购买者或出售者的身份，甚至各行业在总交易量中的占比影响程度较小。

图5-7显示了在100%免费配额比例下，2030年碳强度相比2005年下降60%的行业交易量。其中，主要的配额购买行业仍是石油加工、炼焦及核燃料加工业，煤炭开采和洗选业，其销售额占比分别为88.01%和9.22%。最大的配额出售行业分别是：非金属矿物制品业，黑色金属冶炼及压延加工业，电力、热力的生产和供应业，化学原料及化学制品制造业，造纸及纸制品业，其销售额分别占到总交易量的32.71%、20.91%、13.16%、12.02%和3.26%。

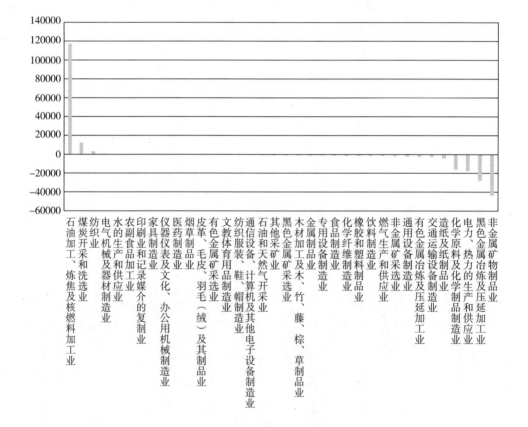

图5-7　行业交易量——情景三

图5-8显示了在80%免费配额比例下，2030年碳强度相比2005年下降60%情景下的各行业交易量。其中，石油加工、炼焦及核燃料加工业、煤炭开采

和洗选业仍旧作为最大的两个配额购买行业，购买量分别达到行业总交易量的88.00%和9.22%。最大的配额出售行业及其销售占比与情景三基本一致。

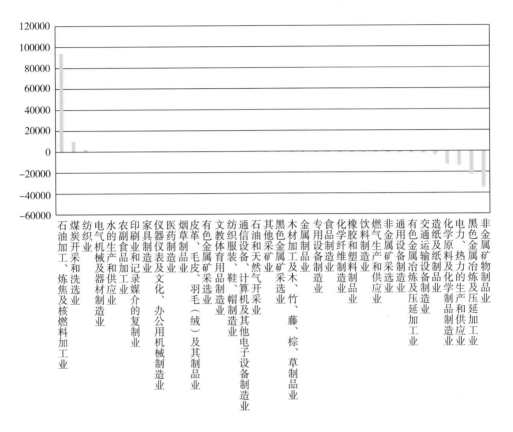

图 5-8　行业交易量——情景四

图 5-9 是在 100% 免费配额情景下，2030 年相比 2005 年碳强度下降 65% 时的各行业均衡交易量。此时，处于购买者地位的行业数量明显多于之前的情景，达到了 10 个行业数量，但是石油加工、炼焦及核燃料加工业、煤炭开采和洗选业仍然分别占总购买量的 62.30% 和 25.11%。

非金属矿物制品业、电力、热力的生产和供应业、黑色金属冶炼及压延加工业、化学原料及化学制品制造业、造纸及纸制品业作为位列前五位的最大配额出售者，交易量占比总计达到了市场总量的 79%。

图 5-10 反映的是在 80% 免费配额下，2030 年碳强度相较 2005 年下降 65% 时各行业的模拟交易量。购买者和出售者的行业排序及其占比与情景五几乎完全相同，再次证明各行业的交易角色和市场地位与免费配额比例即使相关，相关性

也非常微弱。

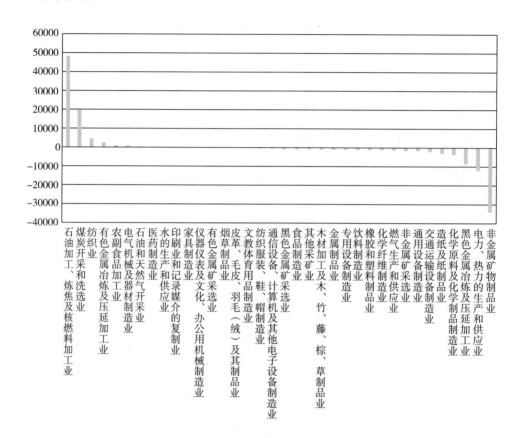

图 5-9　行业交易量——情景五

5.3.4　福利效应测度

进一步分析以成本节约额度量的碳交易市场福利效应。图 5-11 描述了 100% 免费配额及 2020 年碳强度相对 2015 年下降 18% 情景下的福利及其行业分布。结果显示，相比不存在碳交易市场，各行业在自主减排实现上述目标时，碳交易总计实现成本节约额 700.67 亿元。电气机械及器材制造业，石油加工、炼焦及核燃料加工业，非金属矿物制品业，纺织业，煤炭开采和洗选业分别是福利效应最大的前五个行业，福利效应分别达到 211.09 亿元、112.37 亿元、93.89 亿元、90.87 亿元、35.12 亿元，共占福利效应总额的 77.54%。福利效应最小的五个行业包括医药制造业，仪器仪表及文化、办公用机械制造业，家具制造业，印刷业和记录媒介的复制业，农副食品加工业，该五个行业的福利效应总计占比仅有

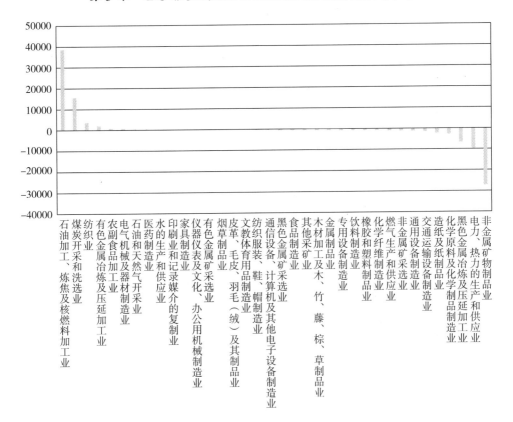

图 5－10　行业交易量——情景六

0.09%。福利在各行业间的标准差达到 42.45 亿元，表明福利在行业间的分布极其不均衡，我们在第 4 章同样发现了这个问题。例如，电力、热力的生产和供应业作为碳交易市场的主要参与者福利效应仅有 0.84 亿元，占福利总额的比例仅有 0.12%。因此，如何激励福利效应不显著的行业有动力积极参与市场交易，是一个值得关注的问题。

图 5－12 描述了在 80% 免费配额下，2020 年相较 2015 年碳强度下降 18% 情景下的福利效应及其行业分布。可以看出，此时各行业的福利效应总计为 564.28 亿元，低于情景一。其中，位列前五的行业分别是电气机械及器材制造业、石油加工、炼焦及核燃料加工业、纺织业、非金属矿物制品业、煤炭开采和洗选业，福利效应分别为 168.95 亿元、127.44 亿元、73.53 亿元、59.47 亿元、31.55 亿元。福利效应最小的五个行业分别是医药制造业、仪器仪表及文化、办公用机械制造业、家具制造业、印刷业和记录媒介的复制业、农副食品加工业，总计占福利总额的比例仅有 0.07%，福利在各行业间的标准差达到 36.21 亿元。

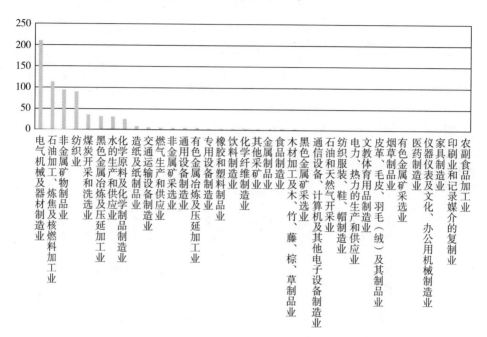

图 5-11 行业福利效应——情景一

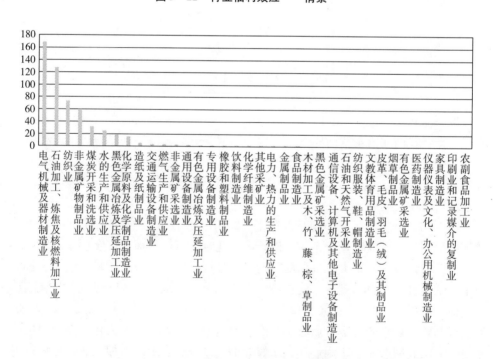

图 5-12 行业福利效应——情景二

图 5-13 描述了在 100% 免费配额下，2030 年相比 2005 年碳强度下降 60%
情景下的福利效应及其行业分布。结果显示，相比不存在碳交易市场，各行业在
自主减排实现上述目标时，碳交易总计实现成本节约额 10685.06 亿元。纺织业，
非金属矿物制品业，电气机械及器材制造业，石油加工、炼焦及核燃料加工业，
煤炭开采和洗选业分别是福利效应最大的前五个行业，福利效应分别达到
3650.32 亿元、1532.36 亿元、1258.68 亿元、1149.07 亿元、679.20 亿元，占福
利效应总额的 77.39%。福利效应最小的五个行业包括医药制造业，仪器仪表及
文化、办公用机械制造业，家具制造业，印刷业和记录媒介的复制业，农副食品
加工业，该五个行业的福利效应占比总计仅有 0.1%。福利在各行业间的标准差
达到 680.24 亿元。

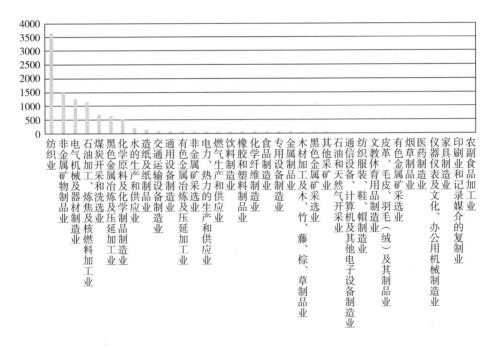

图 5-13　行业福利效应——情景三

图 5-14 描述了在 80% 免费配额比例下，2030 年相比 2005 年碳强度下降
60% 时的福利效应及其行业分布。结果显示，相比不存在碳交易市场，各行业自
主减排实现上述目标时，碳交易总计实现成本节约额 8655.15 亿元。纺织业、石
油加工、炼焦及核燃料加工业、电气机械及器材制造业、非金属矿物制品业、煤
炭开采和洗选业分别是福利效应最大的前五个行业，福利效应分别达到 2935.51
亿元、1612.00 亿元、1005.83 亿元、968.37 亿元和 615.96 亿元，共占福利效应

总额的 82.47%。福利效应最小的五个行业包括医药制造业，仪器仪表及文化、办公用机械制造业，家具制造业，印刷业和记录媒介的复制业，农副食品加工业，该五个行业的福利效应占比总计仅有 0.08%。福利在各行业间的标准差达到 571.11 亿元。

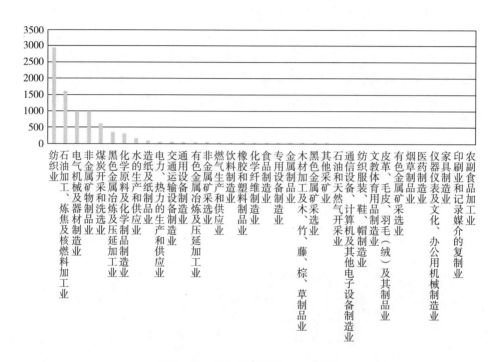

图 5-14　行业福利效应——情景四

图 5-15 描述了在 100% 免费配额下，2030 年相比 2005 年碳强度下降 65% 情景下碳市场的福利效应及其行业分布。结果显示，相比不存在碳交易市场，各行业自主减排实现上述目标时，碳交易总计实现成本节约额 15904 亿元。纺织业，电气机械及器材制造业，煤炭开采和洗选业，非金属矿物制品业，农副食品加工业分别是福利效应最大的前五个行业，福利效应分别达到 6757.54 亿元、2138.91 亿元、1789.29 亿元、1750.76 亿元和 1122.14 亿元，共占福利效应总额的 85.25%。福利效应最小的五个行业包括皮革、毛皮、羽毛（绒）及其制品业、烟草制品业、有色金属矿采选业、仪器仪表及文化、办公用机械制造业、家具制造业，该五个行业的福利效应总计占比仅有 0.15%。福利在各行业间的标准差达到 1192 亿元。

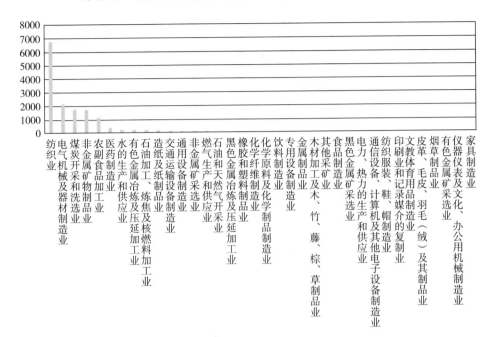

图 5 – 15　行业福利效应——情景五

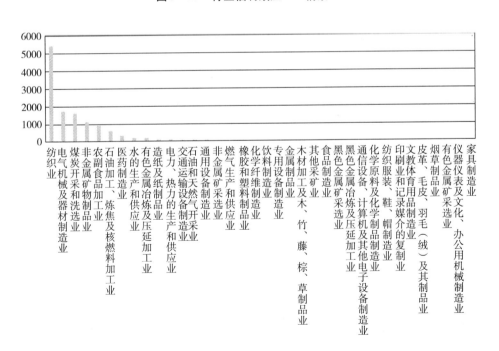

图 5 – 16　行业福利效应——情景六

图 5-16 描述了在 80% 免费配额比例下，2030 年相较 2005 年碳强度下降 65% 情景下的碳市场福利效应及其行业分布。结果显示，相比不存在碳交易市场，各行业自主减排实现上述目标时，碳交易总计实现成本节约额 12906 亿元。纺织业，电气机械及器材制造业，煤炭开采和洗选业，非金属矿物制品业，农副食品加工业分别是福利效应最大的前五个行业，福利效应分别达到 5427.29 亿元、1707.62 亿元、1606.15 亿元、1094.97 亿元、904.49 亿元，共占福利效应总额的 83.22%。福利效应最小的五个行业包括皮革、毛皮、羽毛（绒）及其制品业，烟草制品业，有色金属矿采选业，仪器仪表及文化、办公用机械制造业，家具制造业，该五个行业的福利效应总计占比仅有 0.12%。福利在各行业间的标准差达到 956.26 亿元。

5.4 多情景比较研究

5.4.1 多情景下行业角色承担比较

表 5-8 给出了在六种交易情景模拟中，各行业所承担的交易角色。从结果看，大致可以分为三种不同的类型，第一种是稳定地承担配额出售者的角色，这种类型所包含的行业较多，涉及 29 个行业，在表 5-8 中均以上角标"①"的形式标出；第二种是稳定地承担配额购买者的角色，此类型的行业较少，仅涉及四类行业，在表中用上角标"②"标出；第三种则是存在角色转换的行业，即当减排约束发生变化时，行业角色也随之变化，在表中以上角标"③"标出，该类型行业仅有 3 个。

表 5-8 多情景下各行业市场交易角色

行业	2020 年强度减排 18% 目标		2030 年强度减排 60% 目标		2030 年强度减排 65% 目标	
	100% 免费配额	80% 免费配额	100% 免费配额	80% 免费配额	100% 免费配额	80% 免费配额
煤炭开采和洗选业②	买方	买方	买方	买方	买方	买方
石油和天然气开采业③	卖方	卖方	卖方	卖方	买方	买方
黑色金属矿采选业①	卖方	卖方	卖方	卖方	卖方	卖方
有色金属矿采选业①	卖方	卖方	卖方	卖方	卖方	卖方

续表

行业	2020 年强度减排 18% 目标		2030 年强度减排 60% 目标		2030 年强度减排 65% 目标	
	100% 免费配额	80% 免费配额	100% 免费配额	80% 免费配额	100% 免费配额	80% 免费配额
非金属矿采选业①	卖方	卖方	卖方	卖方	卖方	卖方
其他采矿业①	卖方	卖方	卖方	卖方	卖方	卖方
农副食品加工业③	卖方	卖方	卖方	卖方	买方	买方
食品制造业①	卖方	卖方	卖方	卖方	卖方	卖方
饮料制造业①	卖方	卖方	卖方	卖方	卖方	卖方
烟草制品业①	卖方	卖方	卖方	卖方	卖方	卖方
纺织业②	买方	买方	买方	买方	买方	买方
纺织服装、鞋、帽制造业①	卖方	卖方	卖方	卖方	卖方	卖方
皮革、毛皮、羽毛（绒）及其制品业①	卖方	卖方	卖方	卖方	卖方	卖方
木材加工及木、竹、藤、棕、草制品业①	卖方	卖方	卖方	卖方	卖方	卖方
家具制造业①	卖方	卖方	卖方	卖方	卖方	卖方
造纸及纸制品业①	卖方	卖方	卖方	卖方	卖方	卖方
印刷业和记录媒介的复制业①	卖方	卖方	卖方	卖方	买方	买方
文教体育用品制造业①	卖方	卖方	卖方	卖方	卖方	卖方
石油加工、炼焦及核燃料加工业②	买方	买方	买方	买方	买方	买方
化学原料及化学制品制造业①	卖方	卖方	卖方	卖方	卖方	卖方
医药制造业①	卖方	卖方	卖方	卖方	买方	买方
化学纤维制造业①	卖方	卖方	卖方	卖方	卖方	卖方
橡胶和塑料制品业①	卖方	卖方	卖方	卖方	卖方	卖方
非金属矿物制品业①	卖方	卖方	卖方	卖方	卖方	卖方
黑色金属冶炼及压延加工业①	卖方	卖方	卖方	卖方	卖方	卖方
有色金属冶炼及压延加工业③	卖方	卖方	卖方	卖方	买方	买方

行业	2020 年强度减排 18%目标		2030 年强度减排 60%目标		2030 年强度减排 65%目标	
	100%免费配额	80%免费配额	100%免费配额	80%免费配额	100%免费配额	80%免费配额
金属制品业①	卖方	卖方	卖方	卖方	卖方	卖方
通用设备制造业①	卖方	卖方	卖方	卖方	卖方	卖方
专用设备制造业①	卖方	卖方	卖方	卖方	卖方	卖方
交通运输设备制造业①	卖方	卖方	卖方	卖方	卖方	卖方
电气机械及器材制造业②	买方	买方	买方	买方	买方	买方
通信设备、计算机及其他电子设备制造业①	卖方	卖方	卖方	卖方	卖方	卖方
仪器仪表及文化、办公用机械制造业①	卖方	卖方	卖方	卖方	卖方	卖方
电力、热力的生产和供应业①	卖方	卖方	卖方	卖方	卖方	卖方
燃气生产和供应业①	卖方	卖方	卖方	卖方	卖方	卖方
水的生产和供应业②	买方	买方	买方	买方	买方	买方

5.4.2　多情景下行业交易量与行业福利效应比较

图 5 - 17 反映了不同的减排约束目标对于行业碳交易量的影响。图（a）和图（b）分别对比了在 100%免费配额和 80%免费配额情况下，2020 年相比 2015 年强度减排 18%、2030 年相比 2005 年强度减排 60%和 65%三大减排目标对行业均衡交易量的影响。分别研究图（a）和图（b）中各行业的交易量变化，可以发现存在一些相同的特征。首先，随着减排约束逐步增强，无论是市场总交易量还是交易量在各行业间的分布都表现出无规律的波动，这主要取决于交易当时行业的交易角色，以及市场价格与各行业的边际减排成本的相对状况。作为卖方的行业，当市场价格高于其边际减排成本时，行业会倾向于加大自主减排力度并节约更多配额出售给市场；反之，作为买方的行业，当市场价格低于其边际减排成本，行业会倾向于更多地从市场购入配额。由此，引发企业供求交易数量发生变化。其次，虽然各目标情景下行业交易量有所波动，但交易最集中的行业分布却相对比较稳定。最大的配额购买者主要集中在石油加工、炼焦及核燃料加工业，煤炭开采和洗选业，最大的配额出售者则主要集中于非金属矿物制品业，黑色金

属冶炼及压延加工业，化学原料及化学制品制造业，电力、热力的生产和供应业、造纸及纸制品等。

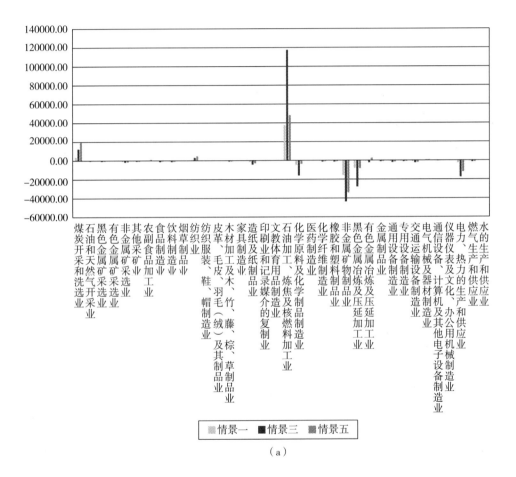

（a）

图 5 – 17 减排目标约束对行业碳交易量的影响

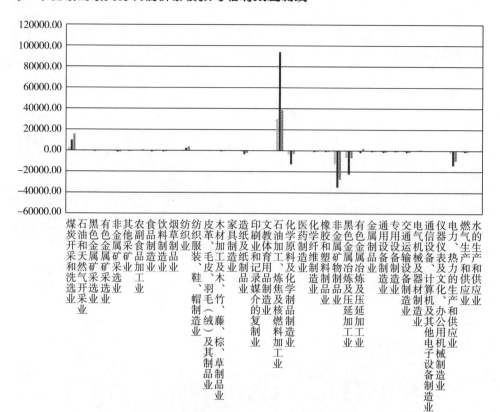

图 5-17　减排目标约束对行业碳交易量的影响（续）

　　图 5-18 对比了免费配额比例对行业碳交易量的影响，其中图（a）、图（b）、图（c）分别显示了三大减排强度目标下的对比结果。可以看出，在所有三种不同的减排目标约束下，行业交易量对比曲线的高度不同，表明免费配额比例影响各行业的均衡交易总量，但同时行业对比曲线的形状基本完全吻合，则表明免费配额比例基本不影响行业在市场上的交易地位，各行业交易量占比基本保持不变。这也就是说，免费配额比例虽然影响行业的均衡交易量，具有比较明显的总量效应，但是却不具有显著的结构效应，对交易量的行业分布影响甚微，这与我们在第 4 章得出的结论基本一致。

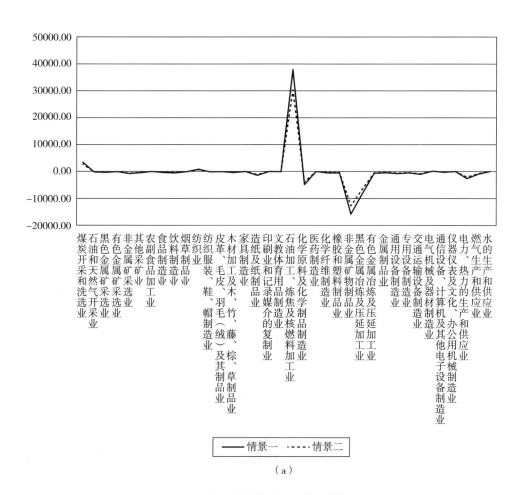

图 5-18　免费配额比例对行业碳交易量的影响

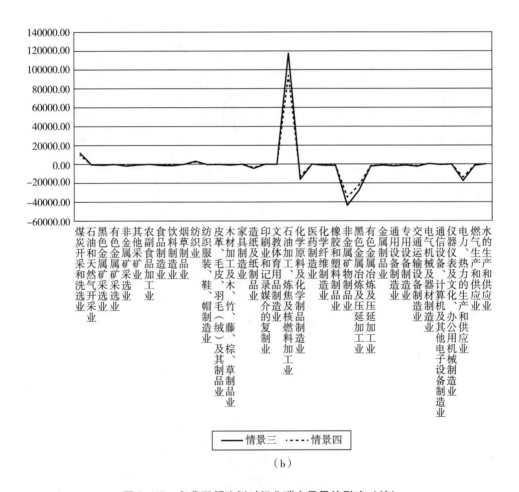

（b）

图5-18　免费配额比例对行业碳交易量的影响（续）

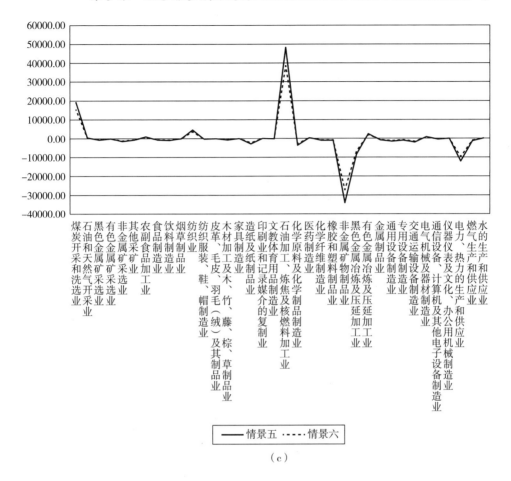

（c）

图 5 - 18 免费配额比例对行业碳交易量的影响（续）

图 5 - 19 反映了减排目标对行业福利效应的影响。图（a）和图（b）分别描述了免费配额比例为 100% 和 80% 时，三大减排目标约束下的行业福利效应。可以看到，随着碳减排约束目标提高，与之相对应的福利效应也逐步增强。控制住免费配额比例之后，可以看到图（a）中情景一、情景三、情景五的市场总福利效应逐次增高，分别为 700.67 亿元、10685.06 亿元和 15904.84 亿元。图（b）表现出相同的特征，情景二、情景四、情景六的福利分效应别为 564.28 亿元、8655.15 亿元和 12906.33 亿元。这表明，减排目标约束对碳交易市场存在的价值具有决定性影响。综合各种情景可以看出，碳市场的福利效应主要在电气机械及器材制造业、石油加工、炼焦及核燃料加工业、非金属矿物制品业、纺织业、煤炭开采和洗选业、农副食品加工业等行业。进一步对比情景一、情景三、情景五

的行业福利标准差，发现有上升趋势，分别为 42.45 亿元、680.24 亿元和 1192 亿元。情景二、情景四、情景六也有类似趋势，行业福利标准差分别为 36.21 亿元、571.11 亿元和 956.26 亿元。这表明，不同的减排目标约束不仅影响福利总量，还具有总量效应，而且影响福利效应在行业间的分布，能产生一定的结构效应。

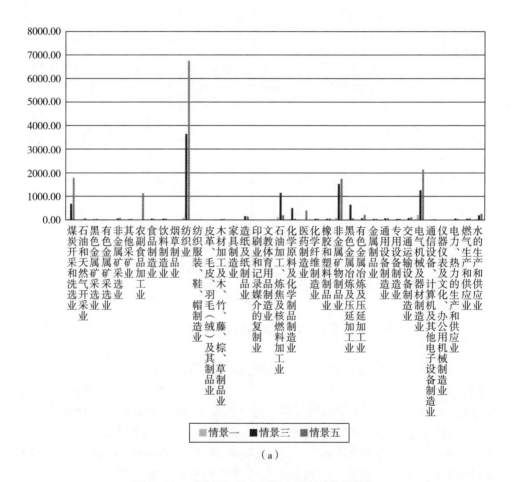

（a）

图 5 - 19　减排目标约束对行业福利效应的影响

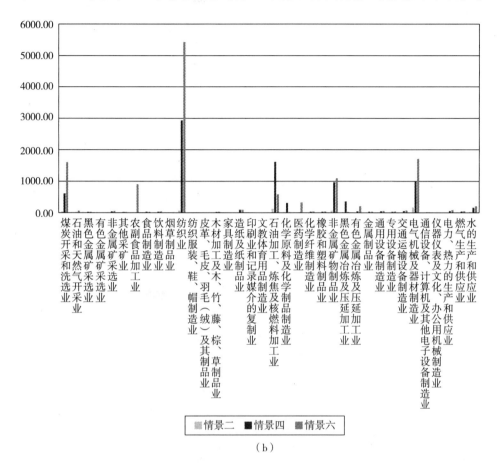

（b）

图 5-19　减排目标约束对行业福利效应的影响（续）

图 5-20 反映了免费配额比例对于行业福利效应的影响。图（a）、图（b）和图（c）分别对比了三大减排目标下，当免费配额为 100% 和 80% 时的行业福利效应。与之前对行业交易量的影响方式非常近似，从福利效应对比曲线的高度看，在所有三种减排目标约束下，免费配额比例下降都会引起各行业的自碳交易市场的福利效应缩减。这暗示着在碳交易市场建立之初，设置相对较高的免费配额比例对于保证交易者参与市场的积极性是必要的。另外，不同免费配额比例下福利效应对比曲线的形状高度吻合，这表明免费配额比例对于福利在不同行业之间的分布影响较小，福利效应的结构效应不显著。

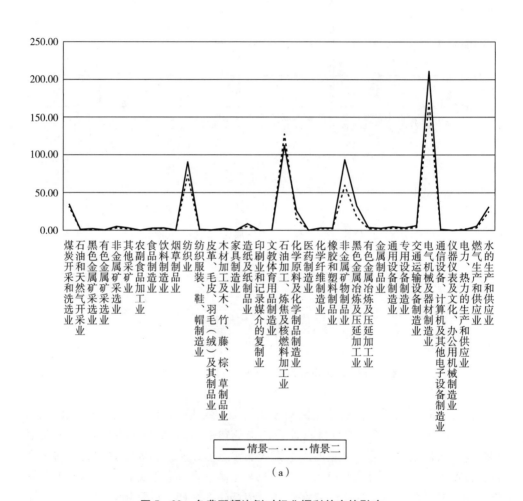

图 5 - 20　免费配额比例对行业福利效应的影响

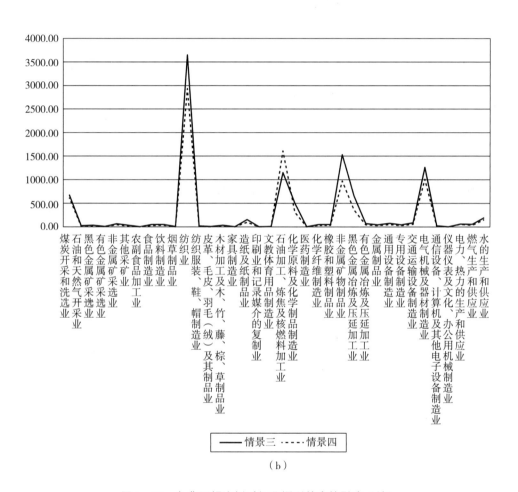

（b）

图 5 - 20　免费配额比例对行业福利效应的影响（续）

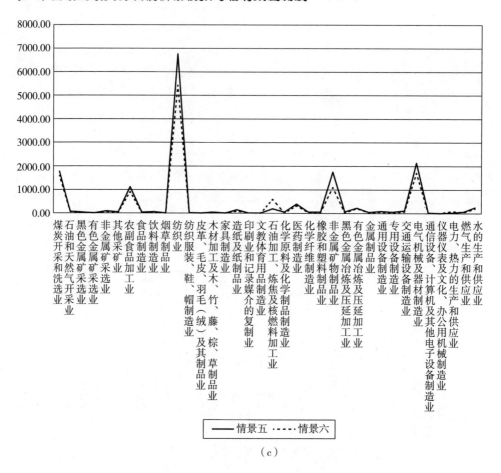

（c）

图 5 - 20　免费配额比例对行业福利效应的影响（续）

第6章 基于一般均衡法的行业低碳政策模拟与福利效应测度

6.1 计及低碳政策的递归动态 CGE 模型构建

6.1.1 CGE 模型基本原理

CGE 模型是以瓦尔拉斯一般均衡理论为基础，通过将抽象概念转化为具体指标从而使得实体经济关系可以进行数值计算的模型。实质上，CGE 模型是由一系列的方程组来表达某一经济体中的供需和各个部门的平衡关系。在这组方程中，所有的商品和生产要素的价格、数量都是变量，在生产者利润最大化、消费者效用最大化等一系列约束条件下求解方程组，由此得到一组市场供需均衡条件下的价格和数量。一个完整的 CGE 模型一般是由供给、需求及均衡三部分内容构成。

供给部分主要是对生产者的行为进行描述，生产者以利润最大化进行生产活动，可供使用的要素包括劳动、资本及其他要素。常用的生产函数类型主要有列昂惕夫生产函数（Leontief Production Function）、柯布—道格拉斯函数、常替代弹性（Constant Elasticity of Substitution Production Function）生产函数、常弹性转换函数（CET）等。

需求部分主要是对消费者在经济活动中的行为进行描述，经济体中的消费者一般可以分为居民、政府、企业和国外四类。假设居民为劳动及资本要素的拥有者及商品的需求者，居民通过提供要素获得居民收入，政府和企业对居民的转移支付也可以形成居民收入，居民在收入约束条件下，一部分用来缴纳个人所得税，另一部分用来消费和储蓄投资；另外企业通过生产活动获得资本要素的回报及政府的转移支付形成企业收入，其收入一部分用于缴纳企业所得税，另一部分用于通过转移支付分配给居民，还有一部分用于企业的投资储蓄；政府是经济政策的调控者，既可以利用税收来增加收入，还可用来支付政府的支出；国外账户可以利用出口商品和提供要素获得外汇收入，收入一部分用来支付国外市场商品进口，另一部分用来支付对居民、企业和政府的转移支付，还有一部分用来储蓄。政府储蓄、居民储蓄以及贸易顺差构成了储蓄总量，并形成总投资。

供给平衡部分是对一系列市场出清的条件进行描述，主要包括商品市场出清、要素市场出清、政府收支均衡、储蓄投资均衡及国际收支平衡。商品市场出清要求国内市场商品总供给等于商品总需求，即商品市场达到均衡；要素市场出清分为劳动力市场出清和资本市场出清。劳动力市场出清要求劳动力总供给等于劳动总需求，资本市场出清要求所有行业的资本总供给与资本总需求相等。在政府收支均衡中，引入政府净储蓄变量，为政府的收入和支出的差额。如果净储蓄为正，则为财政盈余，否则表现为财政赤字。储蓄投资均衡要求总储蓄等于总投资。国际收支均衡要求国外账户的总收入等于总支出。

为了保证上述各项均达到均衡，在 CGE 模型求解时可以去掉模型中一组约束或者将模型中一个外生变量或参数转化为内生变量，这一过程在 CGE 模型中被称为宏观闭合。

当前 CGE 模型的闭合规则主要有以下四种：①新古典主义闭合。这个闭合规则的特征是假设所有价格包括商品价格和要素价格都是完全弹性的，由模型内生决定，而要素如劳动和资本的现有实际供应量都实现充分就业。总投资内生等于总储蓄，模型变为"储蓄驱动"。②约翰逊宏观闭合。在要素市场上，约翰逊宏观闭合的设置与新古典主义宏观闭合的设置类似，也是假设价格完全弹性，要素充分就业。不同的是在储蓄投资和政府收支上，约翰逊闭合假设投资是外生的，而储蓄率是内生的。因此，模型是"投资驱动"的。③凯恩斯宏观闭合。这个闭合规则假设在宏观经济萧条的情况下，劳动力大量失业，资本闲置。因此，劳动和资本要素供应量内生，而要素价格是固定的。④路易斯闭合。这个闭合规则假设在发展中国家，资本紧缺，劳动力剩余，劳动力价格被固定在生存工资水平上，在这个价格上，劳动力供应量是无限的。因此，劳动力价格外生，劳动供应内生，而在资本市场上，与新古典主义闭合规则相同，资本供应外生。

6.1.2 递归动态 CGE 模块设计

6.1.2.1 生产模块

生产模块包括 14 个生产部门，如表 6 - 2 所示。模型假设每个部门只生产一种产品，且市场为完全竞争市场。在所有的生产部门，技术都呈现规模报酬不变的特性，生产者根据成本最小化原则进行生产决策。在生产模块中，投入包含煤

炭、石油、天然气、电力等能源投入、资本、劳动要素投入以及中间投入，生产
函数形式为六层嵌套常替代弹性（CES）函数，生产模块结构如图 6-1 所示。

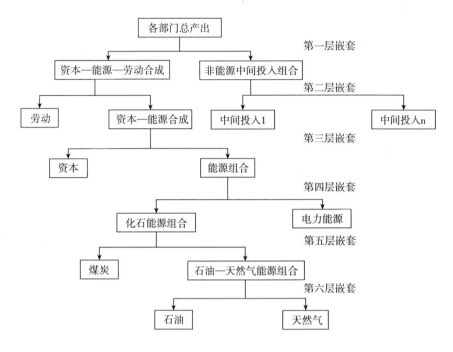

图 6-1　生产模块框架

第一层 CES 嵌套生产函数：

$$QX_i = A_i^q (\alpha_i^{nd} ND_i^{\rho_i^q} + (1 - \alpha_i^{nd}) KEL_i^{\rho_i^q})^{1/\rho_i^q} \tag{6-1}$$

$$\frac{PKEL_i}{PND_i} = \frac{\alpha_i^{nd}}{\alpha_i^{kel}} \left(\frac{ND_i}{KEL_i} \right)^{1-\rho_i^q} \tag{6-2}$$

$$PX_i QX_i = PKEL_i KEL_i + PND_i ND_i \tag{6-3}$$

式（6-1）～式（6-3）表示部门 i 总产出的 CES 嵌套生产函数，其中，
QX_i 表示部门 i 的总产出，ND_i 表示部门 i 的非能源中间投入的数量，KEL_i 表示
部门 i 的资本—能源—劳动合成束。PX_i 表示部门 i 生产活动的产出价格，PND_i
和 $PKEL_i$ 分别代表部门 i 的中间投入价格和资本—能源—劳动的合成投入价格。
A_i^q 代表部门 i 总产出的 CES 生产函数中的规模参数，ρ_i^q 代表部门 i 的中间投入与
资本—能源—劳动合成投入的替代弹性相关系数，α_i^{nd} 代表部门 i 的中间投入的
份额系数，α_i^{kel} 代表部门 i 的资本—能源—劳动合成投入的份额系数。

第二层：

$$KEL_i = A_i^{kel} \left(\alpha_i^{ke} KE_i^{\rho_i^{kel}} + (1 - \alpha_i^{ke}) LAB_i^{\rho_i^{kel}} \right)^{1/\rho_i^{kel}} \tag{6-4}$$

$$\frac{WL}{PKE_i} = \frac{\alpha_i^{ke}}{\alpha_i^{l}} \left(\frac{KE_i}{LAB_i} \right)^{1-\rho_i^{kel}} \tag{6-5}$$

$$PKEL_i KEL_i = PKE_i \cdot KE_i + WL \cdot LAB_i \tag{6-6}$$

$$UND_j^i = u_j^i \cdot ND_i \tag{6-7}$$

$$PND_i = \sum_j u_j^i \cdot PQ_j \tag{6-8}$$

式（6-4）~ 式（6-6）表示第二层 CES 生产函数，式（6-7）和式（6-8）表示第二层中间投入生产函数，采用 Leontief 函数形式。KE_i 表示部门 i 的资本—能源合成投入的数量，LAB_i 表示部门 i 的劳动投入的数量。PKE_i 和 WL 分别代表部门 i 的资本—能源合成价格和劳动价格。UND_j^i 代表单位 i 部门的产出需要 j 部门的投入，u_j^i 代表 i 部门中间投入的直接消耗系数，A_i^{kel} 代表部门 i 资本—能源—劳动合成的 CES 生产函数规模参数，ρ_i^{kel} 代表部门 i 的资本—能源合成投入与劳动投入的替代弹性相关系数，α_i^{ke} 代表部门 i 的资本—能源合成投入份额系数，α_i^{l} 代表部门 i 的劳动投入份额系数。

第三层：

$$KE_i = A_i^{ke} \left(\alpha_i^{k} K_i^{\rho_i^{ke}} + (1 - \alpha_i^{k}) E_i^{\rho_i^{ke}} \right)^{1/\rho^{kel}} \tag{6-9}$$

$$\frac{PEC_i}{WK} = \frac{\alpha_i^{k}}{\alpha_i^{e}} \left(\frac{K_i}{E_i} \right)^{1-\rho_i^{ke}} \tag{6-10}$$

$$PKE_i KE_i = WK \cdot K_i + PEC_i E_i \tag{6-11}$$

式（6-9）~ 式（6-11）表示第三层 CES 嵌套生产函数，K_i 表示部门 i 的资本投入的数量，E_i 表示部门 i 的能源投入的数量。PEC_i 和 WK 分别代表部门 i 的能源合成价格和资本价格。A_i^{ke} 代表部门 i 资本—能源合成的 CES 生产函数规模参数，ρ_i^{ke} 代表部门 i 的资本投入与能源合成投入的替代弹性相关系数，α_i^{k} 代表部门 i 的资本投入份额系数，α_i^{e} 代表部门 i 的能源投入份额系数。

第四层：

$$E_i = A_i^{e} \left(\alpha_i^{fe} FE_i^{\rho_i^{e}} + (1 - \alpha_i^{fe}) ELE_i^{\rho_i^{e}} \right)^{1/\rho_i^{e}} \tag{6-12}$$

$$\frac{PQ_{ele}}{PFE_i} = \frac{\alpha_i^{fe}}{\alpha_i^{ele}} \left(\frac{FE_i}{ELE_i} \right)^{1-\rho_i^{e}} \tag{6-13}$$

$$PEC_i E_i = PEE_i FE_i + PQ_{ele} ELE_i \tag{6-14}$$

式（6-12）~ 式（6-14）表示第三层 CES 嵌套生产函数，PE_i 表示部门 i 的化石能源合成投入的数量，ELE_i 表示部门 i 的电力能源投入的数量。PQ_{ele} 和 PFE_i 分别代表电力能源的消费价格和部门 i 的化石能源合成价格。A_i^{e} 代表部门 i

能源合成的 CES 生产函数规模参数，ρ_i^e 代表部门 i 的化石能源合成投入与电力能源投入的替代弹性相关系数，α_i^{ele} 代表部门 i 的电力能源投入份额系数，α_i^{fe} 代表部门 i 的化石能源投入份额系数。

第五层：

$$FE_i = A_i^{fe}(\alpha_i^{coal} Coal_i^{\rho_i^{fe}} + (1 - \alpha_i^{coal}) OG_i^{\rho_i^{fe}})^{1/\rho_i^{fe}} \qquad (6-15)$$

$$\frac{POG_i}{PQ_{coal}} = \frac{\alpha_i^{coal}}{1 - \alpha_i^{coal}}\left(\frac{coal_i}{OG_i}\right)^{1-\rho_i^{fe}} \qquad (6-16)$$

$$PFE_i FE_i = PQ_{coal} Coal_i + POG_i OG_i \qquad (6-17)$$

式（6-15）~式（6-17）表示第五层 CES 嵌套生产函数，$Coal_i$ 表示部门 i 的煤炭投入的数量，OG_i 表示部门 i 的石油—天热气合成投入的数量。PQ_{coal} 和 POG_i 分别代表煤炭资源的消费价格和部门 i 的石油—天然气合成价格。A_i^{fe} 代表部门 i 化石能源合成的 CES 生产函数规模参数，ρ_i^{fe} 代表部门 i 的煤炭能源投入与石油—天然气能源合成投入的替代弹性相关系数，α_i^{coal} 代表部门 i 的煤炭能源投入份额系数，α_i^{og} 代表部门 i 的石油—天然气合成能源投入份额系数。

第六层：

$$OG_i = A_i^{og}(\alpha_i^{oil} Oil_i^{\rho_i^{og}} + (1 - \alpha_i^{oil}) Gas_i^{\rho_i^{og}})^{1/\rho_i^{og}} \qquad (6-18)$$

$$\frac{PQ_{gas}}{PQ_{oil}} = \frac{\alpha_i^{oil}}{\alpha_i^{gas}}\left(\frac{oil_i}{gas_i}\right)^{1-\rho_i^{og}} \qquad (6-19)$$

$$POG_i OG_i = PQ_{gas} gas_i + PQ_{oil} oil_i \qquad (6-20)$$

式（6-18）~式（6-20）表示第六层 CES 嵌套生产函数，Oil_i 表示部门 i 的石油投入的数量，Gas_i 表示部门 i 的天热气投入的数量。PQ_{oil} 和 PQ_{gas} 分别代表石油资源的消费价格和天然气的消费价格。A_i^{og} 代表部门 i 石油—天然气能源合成的 CES 生产函数规模参数，ρ_i^{og} 代表部门 i 的石油能源投入与天然气能源投入的替代弹性相关系数，α_i^{oil} 代表部门 i 的石油能源投入份额系数，α_i^{gas} 代表部门 i 的天然气能源投入份额系数。

6.1.2.2　贸易模块

贸易模块的结构如图 6-2 所示。在贸易模块中，国内生产的商品在国内销售和出口的数量按照 CET 函数形式分配，采取收入最大化的原则进行一阶优化。国内市场销售的商品是由进口和国内生产国内销售两部分组成，基于"阿明顿假设条件"进行复合，函数形式如下：

进口产品价格：

$$PM_j = pwm_j \cdot (1 + tm_j) \cdot EXR \qquad (6-21)$$

出口产品价格：

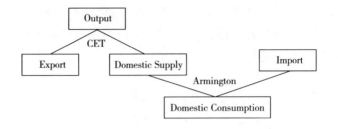

图 6 - 2　贸易模块框架

$$PE_i = pwe_i \cdot EXR \tag{6-22}$$

国内产品分配函数（CET 函数）：

$$QX_i = \theta_{ei}(\varepsilon d_i \cdot QD_i^{\rho_{ei}} + (1 - \varepsilon d_i) \cdot QE_i^{\rho_{ei}})^{1/\rho_{ei}} \tag{6-23}$$

$$\frac{PDA_i}{PE_i} = \frac{\varepsilon d_i}{1 - \varepsilon d_i}\left(\frac{QE_i}{QDA_i}\right)^{1-\rho_{ei}} \tag{6-24}$$

$$PX_i \cdot QX_i = PDA_i \cdot QDA_i + PE_i \cdot QE_i \tag{6-25}$$

国内产品需求函数（Armington 假设）：

$$QQ_j = \theta_{mi}(\delta d_i \cdot QDC_j^{\rho_{mi}} + (1 - \delta d_i) \cdot QM_j^{\rho_{mi}})^{1/\rho_{mi}} \tag{6-26}$$

$$\frac{PDC_j}{PM_j} = \frac{\delta d_j}{1 - \delta d_j}\left(\frac{QM_j}{QDC_j}\right)^{1-\rho_{mi}} \tag{6-27}$$

$$PQ_j \cdot QQ_j = PM_j \cdot QM_j + PDA_j \cdot QDA_j \tag{6-28}$$

PM_j 代表进口商品 j 的价格，QM_j 代表进口商品 j 的数量，EXR 代表汇率，pwm_j 代表进口商品 j 的国际价格，tm_j 代表进口关税税率。PE_i 代表国内生产商品 i 的价格，QE_i 代表国内生产商品 i 出口的数量，pwe_i 代表出口商品 i 的国际价格。QDA_j 代表国内生产国内使用商品 j 的数量，PDA_j 代表国内生产国内使用商品 j 的价格，θ_{ei} 代表 CET 函数参数，εd_i 代表 CET 函数份额参数，ρ_{ei} 代表 CET 函数替代弹性参数。QQ_j 代表国内市场商品 j 的数量，PQ_j 代表国内市场商品 j 的价格，QDC_j 代表国内生产国内使用商品 j 的数量，PDC_j 代表国内生产国内使用商品 j 的价格，θ_{mi} 代表 Armington 函数参数，δd_i 代表 Armington 函数份额参数，ρ_{mi} 代表 Armington 函数替代弹性参数。

6.1.2.3　收入支出模块

在收入支出模块中有以下四类经济主体：居民、企业、政府及国外。居民的收入主要来源于劳动报酬收入、资本收益、企业对居民的转移支付和政府对居民的转移支付。居民在收入一定的情况下，效用函数为柯布—道格拉斯函数，根据效用最大化的原则进行储蓄与消费。居民的支出包括居民对商品的消费和个人所得税的支出，其剩余部分形成居民储蓄。企业收入包括资本收益和政府对企业的转移支付，企业支出包括缴纳企业所得税以及对居民的转移支付两部分。政府收入则包括个人所得税、企业所得税、进口关税，政府支出是由政府消费、转移支付两部分构成。政府收入与支出的差额形成政府储蓄。

（1）居民收入和支出函数：

$$YH = WL \cdot QLS + rate_{hk} \cdot WK \cdot QKS + YGH + YEH \qquad (6-29)$$

$$PQ_j \cdot QH_j = \beta_j \cdot mpc \cdot (1-th) \cdot YH \qquad (6-30)$$

$$SH = (1-mpc) \cdot (1-th) \cdot YH \qquad (6-31)$$

其中，YH 代表居民总收入，QLS 代表劳动总供给，QKS 代表资本总供应，$rate_{hk}$ 代表资本要素收入分配给居民的份额，为政府对居民的转移支付，YEH 代表企业对居民的转移支付；β_j 代表居民对商品 j 消费的比例系数，th 代表居民的所得税率，mpc 代表居民的消费倾向，SH 代表居民储蓄。

（2）企业收入和支出函数：

国外资本投资收益：

$$YWK = ratewk \cdot WK \cdot QKS \qquad (6-32)$$

$$YENT = rate_{entk} \cdot WK \cdot QKS \qquad (6-33)$$

$$YEH = rate_{he} \cdot YENT \qquad (6-34)$$

$$SE = (1-rate_{he}) \cdot (1-te) \cdot YENT \qquad (6-35)$$

$$INV_j = invest_j \cdot TINV/PQ_j \qquad (6-36)$$

$$VSTK_j = ivstk_j \cdot QX_j \qquad (6-37)$$

其中，$rate_{entk} = 1 - ratewk - ratehk$，$YENT$ 代表企业总收入，SE 代表企业储蓄，$TINV$ 代表经济总投资，$VSTK_j$ 代表商品 j 存货变化量。$ratewk$ 代表国外资本投资收益的比例系数，$rate_{entk}$ 代表资本要素分配给企业的份额，$rate_{he}$ 代表企业对居民转移支付的比例系数，te 代表企业所得税率，$invest_j$ 代表对商品 j 的投资需求占总投资的比例，$ivske_j$ 代表商品 j 的存货变化率。

（3）政府收入和支出函数：

$$YGW = rate_{gw} \cdot \sum_j PM_j \cdot QM_j \qquad (6-38)$$

$$YG = \sum_i t_{indi} \cdot PX_i \cdot QX_i + th \cdot YH + te \cdot YENT + \sum_j tm_j \cdot PM_j \cdot QM_j + YGW$$

$$\qquad (6-39)$$

$$SG = sg \cdot YG \qquad (6-40)$$

$$YGH = rate_{hg} \cdot YG \qquad (6-41)$$

$$QG_j = \mu_{gj} \cdot (1 - rate_{hg} - sg) \cdot YG/PQ_j \qquad (6-42)$$

其中，YGW 代表政府国外收入，YG 代表政府总收入，$\sum_i t_{indi} \cdot PX_i \cdot QX_i$ 代表

政府间接税收入，$rate_{gw} \cdot \sum_i PM_i \cdot QM_i$ 代表政府国外收入，t_{indi} 代表间接税税率，$rate_{gw}$ 代表政府国外收入的比例系数，SG 代表政府储蓄，sg 代表政府储蓄率，$raet_{hg}$ 代表政府对居民转移支付的比例系数，QG_j 代表政府对商品 j 的消费量，μ_{gj} 代表政府对商品 j 的消费比例。

6.1.2.4 低碳政策模块

为了将能源、碳排放等环境变量与经济系统连接起来，在传统 CGE 模型的基础之上加入低碳政策模块。低碳政策模块主要由碳排放模块、碳税模块及碳交易模块构成。

（1）碳排放模块。

在已有的研究成果中，对于碳排放量的计算主要有两种方式：一种是通过将各部门的产出同排放系数相乘计算出各部门在生产过程中产生的碳排放量，并汇总得到碳排放总量；另一种是根据各部门的中间投入和排放系数计算出部门的排放量，再汇总得到总排放量。这里采用的是第二种方式。

另外，从目前 CO_2 排放源来看，化石能源燃烧约占到 CO_2 排放总量的90%以上，而绝大部分的化石能源又是在生产过程中被消耗掉的。因此，在核算碳排放量时主要考虑生产中通过燃烧煤炭、石油、天然气等化石能源产生的 CO_2，暂时忽略居民生活中的 CO_2 排放。

$$EM_i = coal_i * \mu_{coat} + oil_i * \mu_{oil} + gas_i * \mu_{gas} \tag{6-43}$$

其中，EM_i 代表部门 i 的 CO_2 排放量，$coal_i$、oil_i、gas_i 代表部门 i 的煤炭、石油和天然气投入，μ_{coai}、μ_{oil}、μ_{gas} 分别代表煤炭、石油及天然气的二氧化碳排放系数。

（2）碳税政策模块。

碳税政策模块中的计税依据为 CO_2 排放量，且采用在化石能源的中间投入环节征收，具体方程为：

$$EICTAX_j = tc * EM_j, \qquad j = coal,\ oil,\ gas \tag{6-44}$$

$$TCTAX = \sum_j EICTAX_j, \qquad j = coal, oil, gas \tag{6-45}$$

其中，tc 为碳税的从量税率，$EITAX_j$ 为化石能源 j 中间投入环节征收的碳税额，$TCTAX$ 为碳税总额。

在得到化石能源的碳税额以后，也可以将碳税额转化为从价税率，具体计算公式为：

$$t_{cj} = \frac{EITAX_j}{PQ_j \cdot QQ_j} \tag{6-46}$$

由于碳税征收，模型方程中的化石能源消费价格将变为 $(1 + t_{cj}) \cdot PQ_j$，这将对生产函数中化石能源的使用价格及化石能源的最终需求产生影响。再而，政府的收入函数也将发生改变：

$$YG = th \cdot YH + tent \cdot YENT + \sum_a GITAX_a + \sum_a GTTAX_a + GWY + TCTAX$$

$$(6-47)$$

（3）碳交易政策模块。

根据现行的碳交易政策，碳配额的分配方式主要有拍卖配额和免费配额两种方式。其中，免费配额分配方式又可以分为历史排放量法（见式（6 – 49））和历史强度法（见式（6 – 50））。

碳交易政策的实施会影响到市场中各个交易部门的生产活动，初始配额分配、碳价以及惩罚率都会对部门生产成本产生影响。

综上，将合理的碳交易机制嵌入 CGE 模型中，碳交易基本方程表示如下：

$$TP = CIN \cdot \sum_i SGDP_i \tag{6-48}$$

$$FP_{ei,t} = \frac{EM_{i,t-1}}{\sum_{ei,t} EM_{i,t-1}} \cdot TP \cdot rf \tag{6-49}$$

$$FP_{i,t} = \frac{EM_{i,t-1}}{SGDP_{i,t-1}} \cdot SGDP_{i,t} \cdot (1-w) \cdot rf \tag{6-50}$$

$$PT_i \cdot QX_i = PX_i \cdot QX_i + pc \cdot (EM_i - FP_i) \tag{6-51}$$

其中，TP 代表配额总量，CIN 代表强度目标，$SGDP_i$ 代表部门 i 的 CDP，$FP_{i,t}$ 代表部门 i 第 t 年的免费配额量，$EM_{i,t-1}$ 代表行业 i 第 $t-1$ 年的实际碳排放量，pc 代表碳交易价格，rf 代表免费配额比例，w 代表行业 i 的碳强度年递减率，PT_i 代表加入碳交易之后的生产者价格，PX_i 代表未加入碳交易的生产者价格。

6.1.2.5　均衡与闭合模块

可计算一般均衡模型的闭合模块主要用来确定内生变量和外生变量，本模块的假设主要有：

（1）模型采用新古典经济学假设，即总投资等于总储蓄。

（2）政府收支均衡。政府储蓄内生决定，各种税率由模型外生校准决定。

（3）国际收支平衡。选择国外储蓄外生，汇率内生的闭合规则。

均衡模块主要包含商品市场均衡、要素市场均衡、投资储蓄均衡和国际收支平衡，其中要素市场均衡又包括劳动力市场均衡和资本市场均衡。

商品市场均衡要求社会总需求等于总供给，即：

$$QH_j + QG_j + INV_j + ND_j + VSTK_j = QQ_j \tag{6-52}$$

要素市场均衡包括劳动力市场均衡和资本市场均衡，本模型中由于假设碳交易市场为完全竞争市场，因此劳动力市场均衡假设社会实现充分就业，相对工资为内生变量；资本市场均衡中假设资本价格为内生变量，经济政策变化对资本价格产生冲击，资本实现自由流动，进而实现资本的充分利用。要素市场均衡函数如下：

$$\sum_i L_i = \overline{QLS} \tag{6-53}$$

$$\sum_i K_i = \overline{QKS} \tag{6-54}$$

投资储蓄均衡采用新古典闭合规则，投资由储蓄决定，为了检验投资与储蓄是否相等，在投资等于储蓄的函数中加入了一个虚拟变量 WALRAS，其函数形式如下：

$$TINV = TSAV - \sum_j VSTK_j \cdot PQ_j \tag{6-55}$$

$$TSAV = SE + SG + SH + \overline{SF} \tag{6-56}$$

$$TINV = TSAV - \sum_j VSTK_j \cdot PQ_j + WALRAS \tag{6-57}$$

国际收支平衡选择汇率内生，国外储蓄外生的闭合规则，其函数形式如下：

$$\sum_i PM_i \cdot QM_i + YWK = \sum_i PE_i \cdot QE_i + YGW + \overline{SF} \tag{6-58}$$

6.1.2.6 递归动态模块

为了模拟经济社会的动态变化，在一系列静态可计算一般均衡模型基础上构建动态 CGE 机制。动态 CGE 机制主要有递归动态和跨期动态两种类型，此处采取递归动态机制，并主要考虑资本要素积累、劳动力增长和技术进步等动态化因素。

资本要素积累的递归公式如下：

$$QKS_t = QKS_{t-1} \cdot (1 - dep) + TINV_{t-1} \tag{6-59}$$

全要素生产率的递归公式如下：

$$A_i^t = A_i^{t-1} \cdot (1 + g_i) \tag{6-60}$$

假设在同一时期劳动力增长与人口增长率相同，则劳动力增长的递归公式为：

$$QLS_t = QLS_{t-1} \cdot (1 + pop) \tag{6-61}$$

其中，QKS_t 代表 t 时期资本总供给，QKS_{t-1} 代表 $t-1$ 时期资本总供给，$TINV_{t-1}$ 代表 $t-1$ 时期社会总投资，dep 代表资产折旧率，本书假设资本折旧率为 5%。A_i^t 代表 t 时期部门 i 的全要素生产率，A_i^{t-1} 代表 $t-1$ 时期部门 i 的全要素生产率，g_i 代表部门 i 的全要素生产率增长率。QLS_t 代表 t 时期劳动总供给，QLS_{t-1} 代表 $t-1$ 时期劳动总供给，pop 为人口增长率。

6.1.3 社会核算矩阵编制

6.1.3.1 宏观社会核算矩阵

宏观社会核算矩阵（Macro – SAM）表是 CGE 模型的数据基础，同时也为微观表（Micro – SAM）的编制提供总量控制。宏观 SAM 表是根据 2012 年投入产出表自行编制的，账户设置包括了活动、商品、要素、主体账户以及投资储蓄等账户。其中，要素包括劳动和资本，主体包括居民、企业、政府和国外账户。原始社会核算矩阵中的数据来源于《中国统计年鉴（2012）》《中国财政年鉴（2013）》以及 2012 年投入产出表。

由于在编制 SAM 表的过程中，其数据来源广泛，因此大多数情况下编制出来的初始 SAM 是不平衡的，需要调平。对 SAM 的调平方法主要有最小二乘法、手动平衡法、RAS 法，直接交叉熵法和系数交叉熵法等，此处采取了手动平衡方法对 SAM 表进行调平，得到平衡后的 2012 年 SAM 表，如表 6 - 1 所示。

6.1.3.2 微观社会核算矩阵

为了研究需要，对 42 部门与 135 部门的投入产出表进行部门拆分与合并，将所有产业划分为 14 个部门，具体如表 6 - 2 所示。需要强调的是，根据官方数据 2015 年中国工业行业的能源消耗量占全部能源消耗总量的 67.99%，碳排放量占比更高达 88.70%，工业已成为我国能耗最多、碳排放量最大的行业领域。为此，我们在后面的讨论中将集中关注低碳政策对工业行业的影响。根据《国民经济行业分类与代码》（GB/4754—2011），工业包括采矿业、制造业、电力、热力、燃气及水的生产和供应业，即表 6 - 2 中序号为 2～12 的 11 个行业。按照这一分类标准，后续可计算一般均衡模拟虽然覆盖国民经济所有部门和行业，而我们的讨论将主要集中于上述 11 个工业行业。

6.1.4 基础参数标定

基础参数标定是 CGE 模型构建过程中的一个重要环节，此处构建的动态 CGE 模型中需要标定的基础参数包括生产模块和贸易模块中的替代弹性、二氧化碳排放系数，以及动态递归模块参数。

6.1.4.1 生产模块替代弹性参数

替代弹性的估计方法主要有两种：一种是运用计量的方法；另一种是经验法，即参考现有文献。此处对各个部门的 CES 函数替代弹性进行估计赋值主要参考王灿（2005）、贺菊煌（2002）、娄峰（2014）等学者的研究成果，并根据研究需要做出相应的调整，具体赋值如表 6 - 3 所示。

表 6 - 1　中国 2012 年宏观 SAM 表

（单位：亿元）

	活动	商品	劳动	资本	居民	企业	政府	投资储蓄	存货	国外	汇总
活动		1464961.00									1601627.00
商品	1064826.91				198536.78		73181.79	237750.61	12692.11	136666.00	1586988.21
劳动	264134.09										264134.09
资本	199059.85										199059.85
居民			264134.09	24336.60		31936.80	14764.21				335171.71
企业				178347.74							178347.74
政府	73606.23	17586.09			5820.32	19654.53				-195.54	116471.63
投资储蓄					130814.60	126756.41	28525.62			-35653.91	250442.72
存货								12692.11			12692.11
国外		104440.89		-3624.45							100816.44
汇总	1601627.08	1586987.98	264134.09	199059.89	335171.71	178347.74	116471.63	250442.72	12692.11	100816.55	

表 6 - 2　产业部门划分

行业序号	行业缩写	行业名称	2012 年投入产出表对应部门
1	Agri	农林牧副渔业	农林牧副渔业
2	Coal	煤炭采选业	煤炭采选业
3	Oil	石油开采和加工业	石油及天然气开采、石油、炼焦产品和核燃料加工品
4	Gas	天然气开采业	石油及天然气开采、燃气
5	Othm	其他采矿业	金属矿采选产品，非金属矿和其他矿采选产品
6	Othl	其他轻工业	食品和烟草、纺织品、纺织服装鞋帽皮革羽绒及其制品、木材加工品和家具、水的生产和供应
7	Paper	造纸业	造纸印刷和文教体育用品
8	Chem	化工业	化学产品
9	Cement	水泥	非金属矿物制品
10	Iron	钢铁	金属冶炼和压延加工品
11	Othh	其他重工业	金属制品～废品废料、金属制品、机械和设备修理9个部门
12	Ele	电力、热力、燃气及水的生产和供应	电力、热力、燃气及水的生产和供应
13	Cons	建筑业	建筑业
14	Serv	服务业	批发和零售—公共社会组织与管理14个部门

6.1.4.2　贸易模块替代弹性参数

贸易模块替代弹性参数主要包括 CET 替代弹性和 Armington 替代弹性，具体赋值见表 6 - 4。

6.1.4.3　二氧化碳排放系数

二氧化碳排放系数的确定方法主要有以下三种：方法一，采用联合国政府间气候变化专门委员会（IPCC）编制的《IPCC 国家温室气体清单指南》中化石能源的碳排放因子，通过能源实物消费量与实际热量的相互转换来计算；方法二，直接引用《日本能源经济统计手册》中的碳排放系数；方法三，利用化石能源的二氧化碳排放量除以能源实际消费量进行测算。考虑到二氧化碳排放系数存在国别差异，此处采用方法三计算中国的碳排放系数。其中，二氧化碳排放量直接来自国际能源署 International Energy Statistics 中的数据，能源消费总量数据来自 Macro - SAM 价值量表的部门分解，据此计算得到单位价值能源消费的碳排放系数，计算结果如表 6 - 5 所示。

表6-3 生产模块替代弹性参数

类别	01	02	03	04	05	06	07	08	09	10	11	12	13	14
δ_i^q	0.3	0.3	0.3	0.3	0.3	0.3	0.3	0.3	0.3	0.3	0.3	0.3	0.3	0.3
δ_i^{kel}	0.91	0.91	0.91	0.91	0.91	0.91	0.91	0.91	0.91	0.91	0.91	0.91	0.91	0.91
δ_i^{ke}	0.3	0.3	0.3	0.3	0.3	0.3	0.3	0.3	0.3	0.3	0.3	0.3	0.3	0.3
δ_i^e	0.5	0.5	0.5	0.5	0.5	0.5	0.5	0.5	0.5	0.5	0.5	0.5	0.5	0.5
δ_i^{re}	1.25	1.25	1.25	1.25	1.25	1.25	1.25	1.25	1.25	1.25	1.25	1.25	1.25	1.25
δ_i^{og}	1.25	1.25	1.25	1.25	1.25	1.25	1.25	1.25	1.25	1.25	1.25	1.25	1.25	1.25

表6-4 贸易模块替代弹性参数

类别	01	02	03	04	05	06	07	08	09	10	11	12	13	14
δ_{ei}	4	4	4	4	4	4	4	4	4	4	4	4	4	4
δ_{mi}	3	3	3	3	3	3	3	3	3	3	3	3	3	3

表 6 - 5　化石能源 CO_2 排放系数

能源类型	2012 年 CO_2 排放量（10^6 t）	最终需求（亿元）	CO_2 排放系数（t/万元）
煤炭	7532	27433.346	27.456
石油	1306	44018.332	2.967
天然气	281	5003.417	5.616

6.1.4.4　动态模块参数

在资本动态函数中，设定折旧率统一为 5% 。2012～2030 年的人口增长率设定参考国家人口发展战略研究课题组（2016）对我国人口总数预测的研究结果，详见表 6 - 6。对于全要素生产率，一般采用经济计量法或者索洛余差法进行估算。此处在参考现有研究成果的基础上，假定多数部门全要素生产率增长率在模拟期内保持一致，由于中国原油的可采储量相对较低，设原油全要素生产率年增长率为 1% ，农业部门为 2.5% ，其余部门均设为 2% 。

表 6 - 6　动态模块参数设定

年份	人口增长率	TFP 增长率
2012～2015	0.65%	农业部门 2.5% ，石油部门 1% ，其他部门 2%
2016～2020	0.61%	
2021～2025	0.14%	
2026～2030	0.12%	

6.1.4.5　模型计算机求解与检验

上述多部门和多主体的动态 CGE 模型构成了一个包括 500 多个方程在内的庞大的非线性方程组，因此求解均衡的过程需要专门的计算软件编程实现。目前大多数学者采用的是 GAMS 软件，它是为满足大型线性、非线性和混合整数等优化模型建模需要而开发的软件，经过多年的发展，GAMS 软件已广泛应用于 CGE 模型的计算和实现中，其具体实现步骤如图 6 - 3 所示。

在实际应用 CGE 模型进行模拟之前，需要对模型及 GAMS 程序进行检验。主要包括：

（1）模型内生变量与方程相等检验。在模型运行结束后，检查 "MODEL STATISTICS" 中 "SINGLE EQUATIONS" 与 "SINGLE VARIABLES" 是否相同。

（2）一致性检验。设基期价格为 1 ，模型中所有变量的当前值与初始值相等。

（3）价格齐次性检验。CGE 模型遵循价格齐次性，基准价格变动为原来的任意倍数，所有内生价格变量和价值变量将会等比例变化，而实物内生变量不变。

（4）瓦尔拉斯变量为0，模型中储蓄与投资相等，因此在储蓄与投资平衡方程中，瓦尔拉斯变量将为0。

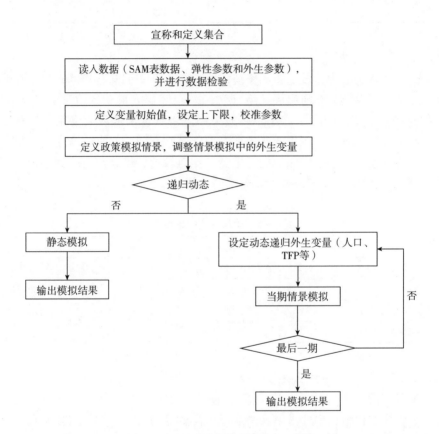

图 6-3　GAMS 程序实现 CGE 步骤

6.2　工业行业碳税政策情景模拟与福利效应测度

运用包含碳税模块的动态递归 CGE 模型研究我国工业行业碳税政策的福利效应，以零税率作为基准情景，并在 0~100 元/吨 CO_2 等距离设置 11 档税率，根据模型运算结果分析所有碳税情景下各工业行业的福利变化，该变化主要体现为碳税政策对行业产出和行业减排的双重影响。

6.2.1　碳税政策情景设计

碳税政策情景设计主要考虑碳税的征收对象、征收环节、碳税税率以及开征时间等要素。就碳税的征收对象而言，我国化石燃料燃烧产生的 CO_2 排放量在 CO_2 排放总量的占比达到了 90%，且化石燃料燃烧产生的 CO_2 排放相对集中且易于计算，因此仅设定化石能源燃烧产生的二氧化碳为征收对象。

就碳税的征收环节而言，主要有能源生产和能源消费两个环节，前者是向化石能源生产者征税，后者是向化石能源使用者征税。理论上，碳税政策的实施对象应该是消耗化石能源的企业和居民，在消费环节征税和价外税的形式有利于激励消费者减少能源消耗，抑制能源消费需求，充分发挥碳税政策效应。但是从实际操作和管理角度考虑，生产环节征税更有利于源头控制和税收管理，可以减少税收征收成本，保障碳税征收的有效性。此外，根据中国现阶段的国情，从促进民生的角度出发，对居民生活中消耗能源排放的二氧化碳，应暂不征税。因此，此处设定的征收环节为能源生产环节，即向化石能源生产行业征税。

确定碳税税率是整个碳税政策的关键和核心，税率越高对经济的冲击则越大。目前，如何确定最优税率尚无统一原则。2005 年丹麦的碳税税率约为 12.1 欧元/吨碳，2008 年芬兰的碳税税率接近 20 欧元/吨碳，瑞典约为 40 美元/吨碳。中国财政部曾提出短期的碳税税率为 10 元/吨碳，长期的碳税税率为 40 元/吨碳，姚昕和刘希颖（2010）通过建立模型研究认为最优的碳税税率为 18.28 元/吨碳，接近环保部提出的 20 元/吨碳。为了研究不同税率对工业行业产出、生产价格及减排的影响，综合国际经验并结合我国的实际情况，此处拟在 0~100 元/吨 CO_2 等距离设置 11 档税率，分别用 TAX0~TAX100 表示。

就碳税的开征时间来看，由于研究数据基础来源于 2012 年投入产出表，考虑到与模型基础数据衔接，假定从 2012 年开始征收，每年保持相同的税率。

为了更好地分析政策情景，此处将 TAX0，即零碳税政策设置为基准情景（BAU）。在基准情景中，经济发展是主要的驱动因素，不考虑大的经济冲击和政策冲击。

6.2.2　碳税政策模拟与行业产出效应测度

碳税政策的实施会导致化石能源价格提高，进而提高部门生产成本。由于不同部门化石能源投入占总投入比例差别很大，且不同部门生产函数、生产要素的替代弹性也不完全一致，因此不同部门的产出效应会存在差异。

表 6-7 给出了 11 种不同税率情景下各工业行业于 2012 年和 2030 年的产出

模拟结果。可以看到，与碳税为零的基准情景相比，在所有碳税情景下各时期和各行业的产出都出现了不同程度的下降，且税率越高，对产出的负面冲击越大。这表明，碳税政策确定无疑会造成行业经济损失。因此，考虑到经济的稳定性，为避免短期内冲击过大，碳税实施初期税率制定不宜过高。

表6-7　碳税政策情景下行业产出效应　　　　　（单位：亿元）

产业部门		Coal	Oil	Gas	Othm	Othl	Paper	Chem	Cement	Iron	Othh	Ele
2012	BAU	2.02	4.44	0.46	1.72	16.58	2.82	11.72	4.41	10.69	28.96	4.66
	TAX10	1.96	4.41	0.46	1.72	16.59	2.82	11.69	4.40	10.66	28.92	4.64
	TAX20	1.91	4.38	0.45	1.71	16.59	2.82	11.66	4.38	10.63	28.88	4.62
	TAX30	1.86	4.35	0.45	1.70	16.60	2.82	11.63	4.37	10.60	28.83	4.59
	TAX40	1.81	4.32	0.45	1.70	16.61	2.82	11.60	4.35	10.57	28.79	4.57
	TAX50	1.76	4.29	0.44	1.69	16.61	2.82	11.57	4.34	10.54	28.75	4.55
	TAX60	1.72	4.26	0.44	1.69	16.62	2.82	11.54	4.33	10.51	28.71	4.53
	TAX70	1.68	4.24	0.44	1.68	16.62	2.82	11.52	4.32	10.48	28.67	4.51
	TAX80	1.64	4.21	0.43	1.68	16.63	2.82	11.49	4.30	10.45	28.63	4.49
	TAX90	1.61	4.18	0.43	1.67	16.64	2.82	11.46	4.29	10.42	28.59	4.47
	TAX100	1.57	4.16	0.43	1.67	16.65	2.82	11.44	4.28	10.39	28.55	4.45
2030	BAU	11.54	57.51	7.82	10.64	52.65	11.47	58.47	22.30	64.44	168.05	41.10
	TAX10	9.85	52.67	7.10	10.36	52.38	11.44	57.35	21.79	63.22	167.21	39.50
	TAX20	8.64	48.89	6.53	10.12	52.13	11.41	56.34	21.34	62.08	166.18	38.14
	TAX30	7.71	45.80	6.05	9.89	51.89	11.37	55.42	20.93	61.04	165.06	36.97
	TAX40	6.98	43.19	5.64	9.69	51.66	11.33	54.56	20.56	60.06	163.89	35.93
	TAX50	6.38	40.94	5.29	9.50	51.44	11.29	53.78	20.22	59.15	162.71	35.00
	TAX60	5.89	38.96	4.98	9.32	51.24	11.24	53.04	19.91	58.30	161.52	34.16
	TAX70	5.47	37.20	4.70	9.16	51.04	11.20	52.36	19.62	57.50	160.35	33.39
	TAX80	5.12	35.61	4.45	9.01	50.85	11.16	51.71	19.35	56.74	159.19	32.68
	TAX90	4.81	34.18	4.23	8.87	50.67	11.12	51.11	19.10	56.02	158.05	32.02
	TAX100	4.53	32.87	4.03	8.73	50.50	11.08	50.53	18.86	55.33	156.93	31.41

从时间维度看，图6-4显示在碳税政策实施初期的2012年，与基准情景BAU相比，各碳税情景下行业产出下降幅度在0.13%～22.23%。而从长期来看，碳税征收造成的行业产出降幅逐渐增大，图6-5显示到2030年，与基准情景BAU相比，各碳税情景下行业产出下降幅度增加到0.22%～60.70%。

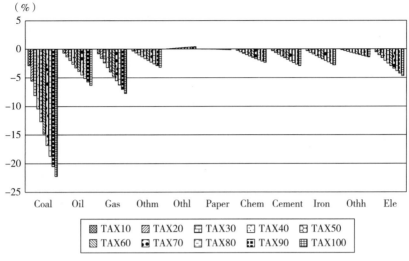

图6-4　2012年相比基准情景行业产出变化率

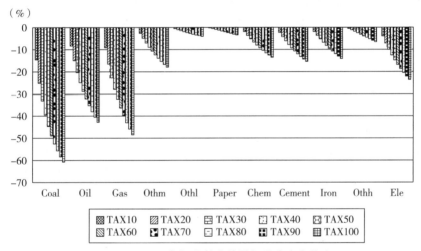

图6-5　2030年相比基准情景行业产出变化率

与预期一致的是碳税征收对部门产出的影响确实表现出一定的分异特征。由表6-7可知，2030年TAX10~TAX100情景下，煤炭采选及炼焦业、石油开采、天然气开采业、采矿业、电力行业等能源或高能耗工业行业的产出受损比较严重，2030年不同碳税情景下产出分别下降为4.53亿~9.85亿元、32.87亿~52.67亿元、4.03亿~7.10亿元、8.73亿~10.36亿元和31.41亿~39.50亿元。图6-5显示，各行业产出较基准情景下降幅度在4.96%~60.70%范围内。其中，煤炭工业产出较基准情景下降最为显著，与基准情景相比降幅达到14.60%~60.70%，其次是天然气行业和石油行业，分别较基准情景下降幅度分别为 9.17% ～48.45% 和 8.40% ～42.55%。而轻工业、造纸业以及其他重工业的产出受碳税政策的影响不大，在 TAX10 ～TAX100 情景下，分别较基准情景下降 0.51% ～4.08%、0.22% ～3.41% 和 0.50% ～6.62%。

碳税政策的行业产出效应分析可以从供给与需求的关系变化和不同部门对碳税的敏感度差异两方面得到解释。首先，碳税的征收影响了经济系统供给与需求的关系。碳税一方面使各生产部门的生产成本上升，煤炭、石油、天然气、电力等高耗能部门能源需求量大，能源投入在总投入的比例高，生产成本的提高使得供给曲线发生内移；另一方面作为中间投入部门的各种产品，由于其含碳量的不同会使得各个生产部门对其需求发生变化，高碳行业将会被低碳行业所替代。整个经济系统内各个行业的需求和供给的相互变动和影响使其均衡价格和均衡产量发生不同的变化。另外的原因是来自不同部门生产成本和产品价格对碳税的敏感度差异，能源和高耗能部门相对更为敏感，征收碳税导致部门生产成本和产品价格上升幅度更大，促使生产和消费结构向低耗能转化。

鉴于不同行业碳税政策的产出效应差异，可以考虑对于受冲击最大的重工业部门和能源部门适度加大税收返还力度，或者实施差别补贴政策和差别税率政策，这将有利于降低政策阻力。Zhang 和 Baranzini（2004）指出，由于二氧化碳减排的边际成本不同，不同国家、地区和行业应该适用大小不同的碳税税率。Lewis 和 Chang（2008）也认为，碳税的征收是一个复杂的问题，它对二氧化碳减排的效果以及社会和经济对之所做出的反应都可能因不同的国家、地区和行业而有所不同，因此，税率大小应该视情况不同有所区别，不应该制定一个"一刀切"的标准。王灿（2005）等发现，电力、煤炭等重工业部门的边际减排成本相对较低，表明重工业在削减二氧化碳排放方面具有相对较大的弹性。这种对能耗和排放密集型行业征收低碳税的做法，也有助于减轻其减排负担，但是由于其排放总量巨大，碳税总额仍然要大于征收较高碳税税率的轻工业部门。

综上所述，碳税征收对我国能源及高能耗工业产生了极大的影响，且税率越高对产出的冲击越严重。考虑到我国目前高耗能主导的经济发展方式及碳税征收对这些行业的严重影响，政府在进行碳税政策制定时，必须慎重考虑当前工业行业的实际发展，制定科学合理的碳税机制，实施差别税率，初期以较低的税率开征，并给予这些行业以合理的补贴等。

6.2.3 碳税政策模拟与行业减排效应测度

碳税一方面对行业经济产生冲击，另一方面经济冲击反过来又会制约行业减少对化石能源的消耗，并同步减少二氧化碳排放，从而产生减排的福利效应。

总体来看，如表 6-8 所示，基准情景下我国 CO_2 排放总量仍呈现较快态势增长。而碳税情景下 11 个工业部门的二氧化碳排放量都有不同程度的下降，且税率越高，减排效应越显著。2012 年各行业碳排放相对于基准情景减排量在 0.11 亿~3.81 亿吨，至 2030 年各行业相对于基准情景的减排量扩大到 2.04 ~ 85.73 亿吨。碳税之所以能够产生碳减排效应，是因为碳税通过提高化石能源价格，增大工业行业生产成本，反过来倒逼行业通过减少产量或提高能源使用效率的方式减少对化石能源的依赖，从而减少了二氧化碳排放。

表 6 - 8　碳税政策情景下行业 CO_2 减排效应　　　（单位：亿吨）

产业部门		Coal	Oil	Gas	Othm	Othl	Paper	Chem	Cement	Iron	Othh	Ele
2012	BAU	9.92	14.95	1.27	0.69	1.19	0.78	8.70	7.06	9.59	1.62	25.07
	TAX10	9.51	14.68	1.25	0.67	1.17	0.77	8.52	6.90	9.38	1.59	24.60
	TAX20	9.12	14.42	1.22	0.66	1.15	0.76	8.34	6.76	9.17	1.56	24.15
	TAX30	8.77	14.17	1.20	0.65	1.13	0.74	8.18	6.62	8.98	1.53	23.73
	TAX40	8.44	13.94	1.18	0.64	1.11	0.73	8.03	6.49	8.79	1.50	23.32
	TAX50	8.13	13.72	1.15	0.63	1.09	0.72	7.88	6.37	8.62	1.47	22.94
	TAX60	7.84	13.51	1.13	0.62	1.08	0.71	7.75	6.25	8.46	1.45	22.57
	TAX70	7.57	13.30	1.11	0.61	1.06	0.70	7.64	6.14	8.30	1.42	22.22
	TAX80	7.32	13.11	1.10	0.60	1.04	0.69	7.50	6.03	8.15	1.40	21.89
	TAX90	7.08	12.92	1.08	0.59	1.03	0.68	7.38	5.93	8.01	1.38	21.57
	TAX100	6.86	12.74	1.06	0.58	1.02	0.67	7.27	5.83	7.88	1.36	21.26
2030	BAU	76.77	163.41	16.67	5.17	6.34	5.10	39.98	35.12	48.97	13.78	153.05
	TAX10	61.01	144.32	14.52	4.71	5.80	4.70	36.48	31.56	44.29	12.72	138.63
	TAX20	50.33	130.18	12.90	4.36	5.39	4.38	33.80	28.83	40.71	11.89	127.54
	TAX30	42.63	119.12	11.62	4.07	5.06	4.12	31.66	26.66	37.86	11.22	118.65
	TAX40	36.85	110.15	10.58	3.84	4.79	3.90	29.91	24.89	35.51	10.66	111.32
	TAX50	32.34	102.66	9.72	3.64	4.56	3.71	28.42	23.40	33.54	10.18	105.13
	TAX60	28.75	96.27	8.98	3.46	4.36	3.55	27.15	22.13	31.86	9.77	99.81
	TAX70	25.82	90.74	8.35	3.31	4.19	3.41	26.04	21.03	30.39	9.40	95.17
	TAX80	23.39	85.87	7.80	3.17	4.04	3.28	25.06	20.06	29.06	9.08	91.08
	TAX90	21.34	81.55	7.31	3.05	3.91	3.17	24.19	19.21	27.96	8.79	87.44
	TAX100	19.59	77.68	6.88	2.95	3.78	3.06	23.40	18.45	26.93	8.53	84.17

图 6 - 6 和图 6 - 7 分别列示了 2012 年和 2030 年各碳税政策情景相比基准情景的行业二氧化碳排放变化率。2030 年与不实施碳税政策的基准情景相比，TAX10 ~ TAX100 情景下各行业二氧化碳排放量下降幅度在 7.73% ~ 74.48% 范围

内。其中，煤炭采选及炼焦业碳排放量下降最显著，较基准情景降幅达到 20.53% ~74.48%，其次是天然气行业和石油行业，与基准情景相比下降幅度分别为 12.93% ~58.75% 和 11.68% ~52.46%，而轻工业、造纸业及其他重工业降幅较小，仅分别较基准情景下降 8.43% ~ 40.27%、7.93% ~ 39.97% 和 7.73% ~ 38.13%。值得注意的是，在碳税政策下，电力行业的碳排放下降并不明显。

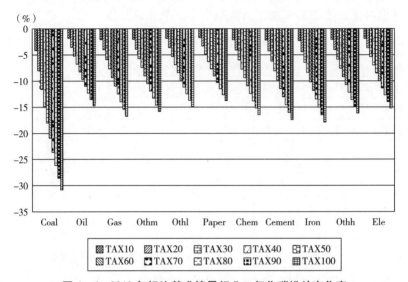

图 6-6　2012 年相比基准情景行业二氧化碳排放变化率

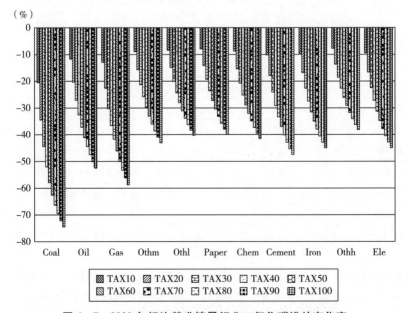

图 6-7　2030 年相比基准情景行业二氧化碳排放变化率

从时间维度看，不仅碳税政策实施初期，减排效果即非常显著，且从长远来看，减排效应也呈逐步增强趋势。政策实施初期的2012年，各行业二氧化碳排放量即下降0.58亿～24.6亿吨，较基准情景下降幅度在1.70%～30.83%；到2030年基准情景下各行业二氧化碳排放量在5.17亿～153.05亿吨，碳税政策实施后二氧化碳排放量则下降为2.95亿～84.14亿吨，较基准情景下降幅度在7.73%～74.48%内。

碳税政策的产出效应与减排效应在行业间的分布有一定的相似之处，煤炭、石油、天然气等行业既是受经济冲击最大的行业，也是减排的重点行业，这主要是因为无论碳税的产出效应还是减排效应产生的根本原因都是能源价格提高导致生产成本增加，以及由此引起的能源消耗减少。

6.3　工业行业碳交易政策情景模拟与福利效应测度

运用包含碳交易模块的动态递归CGE模型模拟我国工业行业碳交易活动，并从产出效应和减排效应两方面对其所产生的福利进行测度。为了更好地理解不同交易规则对行业的影响差异，这里设计六种不同的政策情景，以期为我国碳交易政策的制定以及工业行业如何采取应对之策提供科学借鉴。

6.3.1　碳交易政策情景设计

碳交易政策情景设计包含减排目标、初始配额分配方式、行业覆盖范围以及收入返还方式等要素。减排目标选择2030年碳强度减排目标，即2030年碳强度要比2005年碳强度下降60%～65%，结合我国国情，这里将减排目标设为62%。

配额机制是碳交易政策设计中非常关键且复杂的核心问题之一，配额分配方式的不同将直接导致碳交易市场参与主体减排成本的差异。根据现有的相关研究成果，配额分配方式主要有拍卖配额与免费配额两种方式。其中，免费配额又主要可以分为按历史排放量原则和按历史强度原则发放。对于免费配额比例，从国际经验和国内试点实践看，碳交易政策实施初期一般采用全部免费或者绝大部分配额免费发放，之后不断增加拍卖配额比例的方式。为了比较不同初始配额分配方式对工业行业的影响差异，设计六种配额分配情景和一个无交易时的基准情景，详见表6-9。其中，在这六种政策情景中，碳交易市场中的其他要素均相同。

表 6 - 9　碳交易配额情景设计

情景名称	免费配额分配准则	配额比例	
		免费配额比例（%）	拍卖配额比例（%）
BAU	None	0	0
CE90	历史排放量法	90	10
CE80	历史排放量法	80	20
CE50	历史排放量法	50	50
CI90	历史强度法	90	10
CI80	历史强度法	80	20
CI50	历史强度法	50	50

　　另外，根据全国统一碳排放交易体系的最初构想，建设初期参与交易的主体行业主要包括石化、化工、建材、钢铁、有色、造纸、电力、航空八大重点工业，因此选择钢铁、化工、水泥、造纸、电力等为模拟交易机制的覆盖行业。

　　同时，为了缓解碳交易政策对居民福利的冲击，假设将碳交易市场上的拍卖收入返还给居民。由于全国统一碳交易市场的启动时间是在 2017 年年底，因此设定碳交易政策模拟的初始时间为 2017 年。

6.3.2　碳交易政策模拟与工业行业产出效应测度

　　从理论上来讲，碳交易政策实施后不同行业可能会因为对化石能源的依赖程度、减排难度等不同而对行业发展产生促进或抑制作用，并且这些影响还会通过产业之间的关联形成传导和外溢。为此，首先需要运用包含碳交易政策的动态 CGE 模型对政策实施的行业产出影响进行定量评估。

　　表 6 - 10 列示了 2017 年和 2030 年引入碳交易政策后各工业行业相较于基准情景的产出变化值与变化率。首先，在钢铁、化工、水泥、电力、造纸五个碳交易机制覆盖行业中，电力行业产出下降幅度最大。2017 年碳交易政策实施初期 CE90、CE80、CE50、CI90、CI80 和 CI50 情景下电力行业产出降幅分别为 10.17%、10.52%、10.71%、10.62%、10.67% 和 10.73%；至 2030 年各情景下电力行业产出降幅分别扩大为 52.34%、52.95%、53.38%、52.98%、53.18% 和 53.33%。电力行业作为我国经济发展的基础性支柱产业，在碳交易政策中产出受损严重，应当成为重点关注行业。为了避免电力行业尤其是发电行业的严重冲击，可以考虑对其实施一定程度的补贴和辅助政策。除电力以外，钢铁、化工、水泥等其他高能耗覆盖行业在 2017 年碳交易政策实施的初期，产出较基准情景下降幅为 5% 左右，至 2030 年产出较基准情景下降幅度也扩大到

30% 左右。碳交易政策实施后高能耗行业的产出下降，从另一个角度看也可能会对我国工业行业的结构转型升级产生一定的刺激作用。

表 6 - 10　2017 年与 2030 年碳交易政策情景下工业行业
产出变化值及变化率　　　　（单位：亿元，%）

产业部门		Coal	Oil	Gas	Othm	Othl	Paper	Chem	Cement	Iron	Othh	Ele
2017	BAU	5.76	17.97	2.16	4.29	27.53	5.62	25.73	9.76	26.80	73.23	15.98
	CE90 E1	-0.28	-0.21	0.00	-0.22	0.28	-0.15	-1.17	-0.50	-1.31	-2.05	-1.62
	CE90 E2	-4.80	-1.16	0.22	-5.12	1.02	-2.63	-4.56	-5.16	-4.89	-2.80	-10.17
	CE80 E1	-0.28	-0.21	0.00	-0.21	0.26	-0.10	-1.08	-0.47	-1.36	-1.99	-1.68
	CE80 E2	-4.86	-1.18	0.09	-4.96	0.93	-1.87	-4.21	-4.80	-5.07	-2.71	-10.52
	CE50 E1	-0.28	-0.21	0.00	-0.21	0.24	-0.09	-1.03	-0.45	-1.46	-1.95	-1.71
	CE50 E2	-4.89	-1.19	0.03	-4.88	0.88	-1.53	-4.02	-4.62	-5.44	-2.67	-10.71
	CI90 E1	-0.28	-0.21	0.00	-0.21	0.25	-0.09	-1.07	-0.45	-1.30	-1.99	-1.70
	CI90 E2	-4.87	-1.18	0.06	-4.93	0.90	-1.62	-4.14	-4.63	-4.87	-2.71	-10.62
	CI80 E1	-0.28	-0.21	0.00	-0.21	0.24	-0.09	-1.05	-0.45	-1.32	-1.97	-1.70
	CI80 E2	-4.88	-1.18	0.04	-4.90	0.89	-1.55	-4.07	-4.60	-4.94	-2.69	-10.67
	CI50 E1	-0.28	-0.21	0.00	-0.21	0.24	-0.08	-1.03	-0.45	-1.34	-1.95	-1.71
	CI50 E2	-4.89	-1.19	0.02	-4.87	0.88	-1.47	-4.00	-4.57	-5.01	-2.67	-10.73
2030	BAU	11.54	57.51	7.82	10.64	52.65	11.47	58.47	22.30	64.44	168.05	41.10
	CE90 E1	-3.20	-3.95	0.08	-3.59	1.24	-1.59	-17.21	-6.82	-22.77	-40.39	-21.51
	CE90 E2	-27.75	-6.88	1.04	-33.7	2.36	-13.82	-29.43	-30.60	-35.34	-24.04	-52.34
	CE80 E1	-3.21	-4.18	0.02	-3.61	1.09	-1.67	-17.63	-6.96	-23.07	-39.67	-21.76
	CE80 E2	-27.84	-7.28	0.23	-33.9	2.07	-14.59	-30.14	-31.23	-35.80	-23.61	-52.95
	CE50 E1	-3.22	-4.31	-0.01	-3.65	1.01	-1.85	-18.40	-7.24	-23.65	-39.31	-21.90
	CE50 E2	-27.89	-7.49	-0.19	-34.3	1.92	-16.12	-31.46	-32.45	-36.70	-23.39	-53.28
	CI90 E1	-3.22	-4.14	0.02	-3.59	1.08	-1.57	-17.16	-6.80	-22.76	-40.04	-21.77
	CI90 E2	-27.87	-7.20	0.28	-33.6	2.05	-13.70	-29.35	-30.48	-35.31	-23.82	-52.98
	CI80 E1	-3.22	-4.24	0.00	-3.60	1.03	-1.61	-17.39	-6.84	-22.96	-39.62	-21.85
	CI80 E2	-27.89	-7.38	-0.02	-33.8	1.96	-14.01	-29.74	-30.67	-35.64	-23.58	-53.18
	CI50 E1	-3.22	-4.32	-0.02	-3.62	1.00	-1.66	-17.71	-6.90	-23.24	-39.31	-21.92
	CI50 E2	-27.91	-7.51	-0.24	-34.0	1.90	-14.46	-30.28	-30.93	-36.07	-23.39	-53.33

注：其中 E1 为产出变化值，单位为亿元，E2 为产出变化率，单位为%。

中国碳配额交易机制情景模拟与福利效应测度

进一步分析煤炭工业、石油开采业、天然气开采业等碳交易机制未覆盖的能源行业，结果显示：煤炭工业产出降幅较大，2017 年碳交易政策实施初期 CE90、CE80、CE50、CI90、CI80 和 CI50 情景下煤炭工业产出降幅分别为 4.8%、4.86%、4.89%、4.87%、4.88% 和 4.89%；2030 年各情景下煤炭工业产出降幅分别为 27.75%、27.84%、27.89%、27.87%、27.89% 和 27.91%。石油行业 2017 年的产出降幅在 1% 左右，2030 年的产出降幅扩大到 7% 左右。在历史排强度准则下，天然气行业产出较基准情景有所下降，降幅在 1.74%～2.24%；而历史排放量准则下产出则有小幅上升，这可能是因为天然气资源相对清洁，实施碳交易政策有利于提高低碳能源的消费需求，带动天然气开采业的产出有所提高。

采矿业、其他重工业、轻工业等碳交易机制未覆盖的非能源工业模拟结果显示：2030 年采矿业、其他重工业较基准情景产出下降幅度分别在 30% 和 20% 左右。值得注意的是，与基准情景相比，碳交易政策的实施使得轻工业的产出有小幅增加，这意味着低碳政策有可能在一定程度上会引起工业结构向轻型化调整。

图 6-8 列示了 2017～2030 年不同碳交易政策情景下工业全行业产出较基准情景的平均变化率。历史排放量准则下，当免费配额比例从 90% 下降到 50%（CE90、CE80、CE50）时，相比基准情景 2030 年工业全行业产出平均降幅分别为 23.66%、23.85% 和 24.21%；而历史强度准则（CI90、CI80、CI50）下，2030 年工业全行业产出平均下降幅度分别为 23.65%、23.78% 和 23.95%。可见，随着免费配额比例的下降，工业各行业产出下降幅度逐渐增大，但两种不同配额分配方案对各行业产出的影响差异不大。因此，在碳交易机制建立初期，应设置一个相对较高的免费配额比例，以避免对工业经济的过度冲击，随后逐步降低以提高市场效率。

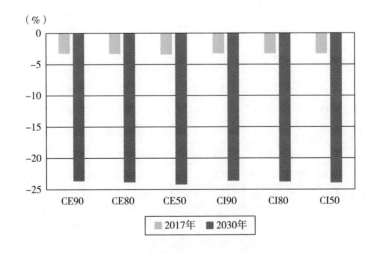

图 6-8　2017 年和 2030 年工业全行业平均产出变化率

综合以上分析，碳交易机制会使大多数工业行业的产出受到一定的负面冲击，尤其是电力、钢铁、水泥等高能耗行业。鉴于这些行业在国民经济中的重要地位，政府决策部门必须慎重考虑行业发展的实际情况，制定科学合理的碳交易机制，优化配额设计或实施一定的收益返还制度以缓解政策的负面效应。另外，在碳交易市场建立初期，免费配额比例也不宜设置过低。

6.3.3　碳交易政策模拟与工业行业减排效应测度

表 6-11 列示了引入碳交易政策后 2017 年和 2030 年工业各行业 CO_2 排放变化量及变化幅度。对于碳交易机制覆盖行业，与基准情景相比，电力行业 CO_2 排放量下降最显著，其次是钢铁、水泥和化工行业。2017 年碳交易政策实施初期，电力行业在 CE90、CE80、CE50、CI90、CI80 和 CI50 六种碳交易情景下的减排幅度分别为 8.15%、8.38%、8.50%、8.44%、8.48% 和 8.52%，2030 年在六种碳交易情景下的减排幅度分别为 44.38%、44.77%、44.99%、44.82%、44.94% 和 45.03%。在所有六种交易情景下，钢铁、水泥和化工行业 2017 年碳排放量较基准情景下降幅度都在 4% 左右，2030 年减排幅度扩大到了 30% 左右。可见，碳交易政策对机制内覆盖行业的减排效应非常显著。

表 6-11　2017 年和 2030 年碳交易政策情景下工业行业
CO_2 排放变化值及变化率　　　　（单位：亿吨，%）

产业部门			Coal	Oil	Gas	Othm	Othl	Paper	Chem	Cement	Iron	Othh	Ele
	BAU		36.97	57.36	5.63	2.10	3.05	2.31	19.90	17.01	24.02	5.75	78.13
2017	CE90	E1	-1.85	-0.58	0.02	-0.10	0.08	-0.04	-0.74	-0.73	-1.03	-0.07	-6.37
		E2	-5.01	-1.00	0.32	-4.57	2.48	-1.55	-3.73	-4.30	-4.30	-1.15	-8.15
	CE80	E1	-1.87	-0.59	0.01	-0.09	0.07	-0.02	-0.68	-0.67	-0.95	-0.06	-6.55
		E2	-5.06	-1.03	0.19	-4.38	2.45	-0.82	-3.39	-3.96	-3.95	-1.04	-8.38
	CE50	E1	-1.88	-0.60	0.01	-0.09	0.07	-0.01	-0.64	-0.64	-0.91	-0.06	-6.64
		E2	-5.08	-1.04	0.13	-4.28	2.44	-0.50	-3.22	-3.78	-3.77	-0.99	-8.50
	CI90	E1	-1.87	-0.59	0.01	-0.09	0.07	-0.01	-0.66	-0.65	-0.93	-0.06	-6.60
		E2	-5.07	-1.03	0.17	-4.33	2.44	-0.59	-3.33	-3.80	-3.89	-1.04	-8.44
	CI80	E1	-1.88	-0.59	0.01	-0.09	0.07	-0.01	-0.65	-0.64	-0.92	-0.06	-6.62
		E2	-5.08	-1.04	0.15	-4.30	2.44	-0.52	-3.27	-3.77	-3.82	-1.01	-8.48
	CI50	E1	-1.88	-0.60	0.01	-0.09	0.07	-0.01	-0.64	-0.64	-0.90	-0.06	-6.66
		E2	-5.09	-1.04	0.13	-4.26	2.44	-0.44	-3.20	-3.75	-3.75	-0.99	-8.52

续表

产业部门		Coal	Oil	Gas	Othm	Othl	Paper	Chem	Cement	Iron	Othh	Ele
	BAU	76.77	163.41	16.67	5.17	6.34	5.10	39.98	35.12	48.97	13.78	153.05
2030	CE90 E1	-22.84	-9.86	0.25	-1.70	0.69	-0.58	-11.01	-9.97	-15.39	-2.22	-67.92
	CE90 E2	-29.75	-6.03	1.51	-32.81	10.9	-11.41	-27.54	-28.40	-31.43	-16.09	-44.38
	CE80 E1	-22.89	-10.53	0.12	-1.67	0.68	-0.51	-10.50	-9.59	-14.94	-2.16	-68.52
	CE80 E2	-29.82	-6.44	0.74	-32.34	10.7	-10.04	-26.28	-27.30	-30.51	-15.70	-44.77
	CE50 E1	-22.93	-10.88	0.06	-1.66	0.67	-0.48	-10.23	-9.39	-14.71	-2.14	-68.86
	CE50 E2	-29.86	-6.66	0.34	-32.1	10.6	-9.36	-25.59	-26.74	-30.03	-15.51	-44.99
	CI90 E1	-22.93	-10.42	0.13	-1.68	0.67	-0.51	-10.56	-9.51	-15.07	-2.20	-68.60
	CI90 E2	-29.86	-6.38	0.77	-32.44	10.6	-9.93	-26.42	-27.09	-30.77	-15.93	-44.82
	CI80 E1	-22.93	-10.70	0.08	-1.67	0.67	-0.49	-10.35	-9.42	-14.85	-2.16	-68.78
	CI80 E2	-29.87	-6.55	0.50	-32.24	10.6	-9.52	-25.90	-26.83	-30.33	-15.69	-44.94
	CI50 E1	-22.94	-10.92	0.05	-1.66	0.67	-0.47	-10.20	-9.35	-14.69	-2.14	-68.91
	CI50 E2	-29.88	-6.68	0.29	-32.09	10.5	-9.24	-25.51	-26.63	-30.01	-15.52	-45.03

注：其中 E1 为二氧化碳量变化值，单位为亿吨，E2 为二氧化碳量变动率，单位为%。

对于碳交易机制非覆盖行业而言，煤炭工业的政策减排效应较显著，2017 年煤炭工业在 CE90、CE80、CE50、CI90、CI80 和 CI50 六种碳交易情景下的减排幅度在 5% 左右，2030 年减排幅度达到 30% 左右。同样属于能源行业的石油开采业和天然气开采业碳排放量较基准情景变化不大，2017 年和 2030 年石油开采业的碳排放降幅分别约为 1% 和 6%，天然气开采业由于产出的增加碳排放量呈小幅上升趋势，2017 年和 2030 年增幅分别为 0.18% 和 0.69%。对于其他采矿业、其他重工业和其他轻工业等机制未覆盖的非能源行业而言，由于其他采矿业和其他重工业同属于比较典型的高碳行业，实施碳交易政策后碳排放较基准情景也有较大幅度的下降，2017 年两行业的碳排放量分别下降 4% 和 1% 左右，2030 年两行业降幅分别扩大到 32.3% 和 15.7%。

综合以上分析，碳交易政策对多数行业而言有显著的减排效应，且减排效应与产出效应的行业分布有一定的相似之处，主要原因是两者变化的根本原因均来自能源价格上升引起的生产成本增加，带动了产量减少和能耗下降。同时，碳交易政策的减排效果在会随着时间的延长而逐渐增强。

图 6-9 列示了 2017 年和 2030 年不同碳交易情景下工业全行业平均减排效应。与基准情景相比，当免费配额比例从 90% 下降到 50% 时，历史排放量准则 CE90、CE80、CE50 情景下的工业全行业二氧化碳减排幅度在 2.63%~6.51%，

历史强度准则 CI90、CE80、CI50 情景下的工业全行业二氧化碳减排幅度在 1.03% ~5.71%。相比而言，历史排放量准则下的行业减排效应更为显著一些。同时，结果表明免费配额比例越低，碳减排效应越显著。

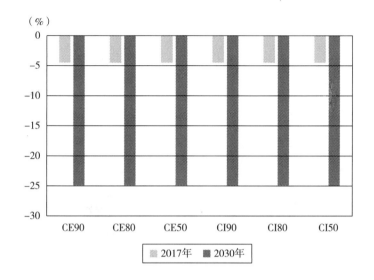

图 6 - 9　2017 年和 2030 年不同碳交易情景下工业全行业平均减排率

综上所述，电力、钢铁、水泥、化工等行业是碳交易的重点参与行业，同时也是碳减排的重点行业。因此，在政策设计时需要给予更多的关注，通过合理、科学的机制设计实现行业减排与经济增长的双重红利。同时，政府应根据其不同时期的不同目标，实施不同的配额机制，在碳交易初期，为了避免对经济的强烈冲击，可以实施较温和的历史强度法并以一个较高的免费配额比例进入碳交易市场，而随着时间的延长，为了实现一个满意的减排效果，可以实施历史排放量法，并逐步降低免费配额比例。

6.4　工业行业低碳政策福利效应比较研究

碳交易和碳税本质上都是促进减排的市场经济手段，模拟研究结果表明两种低碳政策的实施虽然在短期内会抑制一些行业的经济增长，但是却均能有效降低我国工业行业碳排放，并在一定程度上促进工业结构转型升级。两者作用机制对工业行业影响机理不同，对行业产出和行业减排的实际影响仍然存在差异。为了区别和比较两种政策的福利效果，以下根据我国 2030 年碳强度发展目标从产出效应和减排效应两个视角分别比较两种低碳政策对工业行业的影响。

6.4.1　碳税和碳交易政策的行业产出效应比较

基于包含工业行业低碳政策的动态 CGE 模型，在 2030 年减排目标约束下，首先比较碳税和碳交易政策的工业行业产出效应差异，具体情况如图 6 - 10 和表 6 - 12 所示。

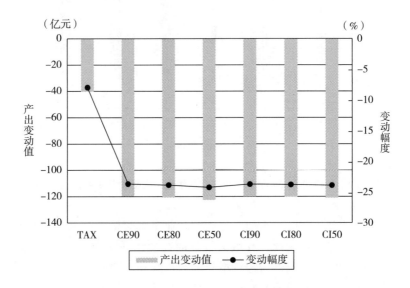

图 6 - 10　2030 年工业全行业产出变动值和变动幅度

首先，总体来看，如图 6 - 10 所示与不实施低碳政策的基准情景相比，在总体减排目标约束下，碳税情景下（TAX）工业全行业总产出下降 40.30 亿元，下降幅度为 7.97%。CE90、CE80、CE50、CI90、CI80 和 CI50 六种碳交易情景下工业全行业产出相对于基准情景分别下降 119.71 亿元、120.65 亿元、122.53 亿元、119.95 亿元、120.30 亿元和 120.92 亿元，下降幅度分别为 23.66%、23.84%、24.22、23.70%、23.78% 和 23.90%。可见，与碳税政策相比，碳交易政策实施造成工业行业遭受的经济冲击更加强烈。主要原因可能在于碳税仅直接针对化石能源生产环节征收，其对国民经济其他行业的影响则来自于化石能源行业与其他行业之间的投入产出关联，以及由此产生的成本溢出效应，相对比较间接；而在碳交易政策中，其覆盖的行业范围更加广泛，

表6-12 2030年碳税和碳交易政策下工业各行业产出变化值及变化率

		Coal	Oil	Gas	Othm	Othl	Paper	Chem	Cement	Iron	Othh	Ele	变异系数
BAU		11.54	57.51	7.82	10.64	52.65	11.47	58.47	22.3	64.44	168.05	41.1	
TAX	变化值（亿元）	-2.90	-8.58	-1.29	-0.52	-0.51	-0.06	-2.12	-0.96	-2.33	-1.81	-2.93	
	幅度（%）	-25.11	-14.92	-16.48	-4.92	-0.97	-0.50	-3.62	-4.30	-3.62	-1.08	-7.14	-1.05
CE90	变化值（亿元）	-3.2	-3.95	0.08	-3.59	1.24	-1.59	-17.21	-6.82	-22.77	-40.39	-21.51	
	幅度（%）	-27.75	-6.88	1.04	-33.71	2.36	-13.82	-29.43	-30.6	-35.34	-24.04	-52.34	-0.74
CE80	变化值（亿元）	-3.21	-4.18	0.02	-3.61	1.09	-1.67	-17.63	-6.96	-23.07	-39.67	-21.76	
	幅度（%）	-27.84	-7.28	0.23	-33.91	2.07	-14.59	-30.14	-31.23	-35.8	-23.61	-52.95	-0.72
CE50	变化值（亿元）	-3.22	-4.31	-0.01	-3.65	1.01	-1.85	-18.4	-7.24	-23.65	-39.31	-21.9	
	幅度（%）	-27.89	-7.49	-0.19	-34.33	1.92	-16.12	-31.46	-32.45	-36.7	-23.39	-53.28	-0.71
CI90	变化值（亿元）	-3.22	-4.14	0.02	-3.59	1.08	-1.57	-17.16	-6.8	-22.76	-40.04	-21.77	
	幅度（%）	-27.87	-7.2	0.28	-33.69	2.05	-13.7	-29.35	-30.48	-35.31	-23.82	-52.98	-0.73
CI80	变化值（亿元）	-3.22	-4.24	0	-3.6	1.03	-1.61	-17.39	-6.84	-22.96	-39.62	-21.85	
	幅度（%）	-27.89	-7.38	-0.02	-33.82	1.96	-14.01	-29.74	-30.67	-35.64	-23.58	-53.18	-0.72
CI50	变化值（亿元）	-3.22	-4.32	-0.02	-3.62	1	-1.66	-17.71	-6.9	-23.24	-39.31	-21.92	
	幅度（%）	-27.91	-7.51	-0.24	-34	1.9	-14.46	-30.28	-30.93	-36.07	-23.39	-53.33	-0.72

同时碳价引入造成企业生产成本的提高又会进一步约束企业生产，从而造成工业全行业产出减少幅度更大。

其次，分行业来看，与基准情景相比，电力行业碳税情景下产出将会下降2.93亿元，下降幅度为7.14%，碳交易情景中电力行业在免费配额比例为90%的历史排放量准则下（CE90）产出效应最小，仅减产21.51亿元，下降幅度为52.34%，但仍远远超过碳税政策情景下的产出效应。对于钢铁、化工、水泥等高能耗产业，碳税情景下产出分别减少2.33亿元、0.96亿元和2.12亿元，较基准情景的下降幅度分别为3.62%、4.30%和3.62%。碳交易情景中这三大行业都是在免费配额比例为90%的历史强度准则下（CI90）产出效应最小，较基准情景产出分别减少22.76亿元、6.8亿元和17.16亿元，分别是碳税政策产出效应的9.77倍、7.08倍和8.09倍。造纸业碳税政策下产出减少0.06亿元，下降幅度为0.5%，碳交易情景中造纸业在免费配额比例为90%的历史强度准则下（CI90）产出效应最小，产出下降1.57亿元，降幅为13.7%，同样也比碳税政策的产出效应更加明显。综合分析结果，相比于碳税政策，在碳交易政策对电力、钢铁、化工、水泥、造纸等碳交易覆盖行业的产出效应更加显著。对于交易机制非覆盖行业而言，煤炭作为重要的能源行业，同时也是主要的碳排放源行业，是碳税政策中产出遭受冲击最大的行业。如表6-12所示，与无低碳政策的基准情景相比，碳税政策使煤炭行业产出减少2.90亿元，减少幅度为25.11%。在碳交易政策情景中，煤炭行业在免费配额比例90%的历史排放量准则下产出下降幅度最小，仅为27.75%，但仍比碳税政策的产出效应高出两个百分点。比较值得关注的是石油行业、天然气行业在碳税政策下的产出降幅分别为14.92%和16.48%，碳交易政策情景中这两大能源行业在免费配额比例为50%的历史强度准则下（CI50）产出降幅最大，但也仅分别为7.51%和0.24%，远低于碳税政策下的产出效应。天然气行业甚至在部分交易情景中（CE90、CE80和CI90）有产量的轻微上浮，这可能是由于低碳政策引发石油和天然气对煤炭的需求替代导致的。对于碳排放较多的其他采矿业和其他重工业，表6-12的模拟结果显示，与碳税政策相比碳交易政策的产出效应更显著，同时碳交易政策可以促进轻工业产出的小幅增加。综合推断，行业产出对碳交易政策比较敏感的部门主要是机制覆盖的电力、钢铁、化工、水泥和造纸等高能耗行业，而碳税政策由于选择在能源生产环节征收，因此主要影响的是煤炭、石油、天然气等化石能源部门。

最后，如表6-12所示，碳税政策下各行业产出效应的变异系数绝对值为1.05，而六种碳交易政策下的产出效应变异系数绝对值分别为0.74、0.72、0.71、0.73、0.72和0.72，可以看出，碳税政策的产出效应变异系数明显大于碳交易政策的产出效应变异系数，因此碳税政策对部门产出负面影响的分布比在碳交易情景下更加不均衡，由此推断，碳税可能会导致我国产业结构的剧烈调整，调整中可能会引发更高的经济成本。而碳交易作用的部门主要集中在高耗能部门，负面影响的分布差异程度相对较小，这将有助于我国产业结构的平稳调整。

综上所述，碳税政策和碳交易政策的实施均会对工业行业的产出造成一定的冲击，但两者影响幅度和作用部门不尽相同。经过对碳税和碳交易这两种低碳政策产出效应的比较分析，我们认为，煤炭、石油等化石能源部门碳税政策的产出效应较显著，而电力等碳交易机制覆盖行业碳交易政策产出效应较显著，因此在工业行业低碳政策的制定过程中，应重点关注这些行业，并应提前建立行业预警机制和措施。同时，为了实现保增长和碳减排的双重目标，可以考虑在发展我国碳交易市场的同时，辅以实施碳税政策，并增加补贴、奖励等辅助措施，以此保持能源及高耗能行业的正常生存和发展。

6.4.2　碳税和碳交易政策的行业减排效应比较

在两种低碳政策下，虽然工业总体强度减排目标一致，但具体到减排量和各行业的减排表现却不尽相同。基于低碳政策动态 CGE 模型，我们进一步分析了碳税和碳交易政策的工业行业减排效应差异，模拟结果如图 6 – 11 和表 6 – 13 所示。

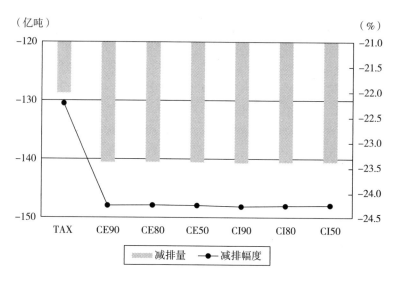

图 6 – 11　2030 年工业全行业减排量和减排率

表6-13 2030年低碳政策下工业各行业二氧化碳排放变化值与变化率

		Coal	Oil	Gas	Othm	Othl	Paper	Chem	Cement	Iron	Othh	Ele	变异系数
BAU	亿吨	78.61	167.12	17.01	5.32	6.52	5.24	41.34	36.35	50.56	14.11	157.15	
TAX	变化值（亿吨）	-28.24	-36.86	-4.10	-0.96	-1.13	-0.86	-7.53	-7.51	-9.83	-2.22	-29.54	-0.27
	幅度（%）	-35.93	-22.05	-24.12	-18.03	-17.28	-16.45	-18.21	-20.65	-19.44	-15.72	-18.79	
CE90	变化值（亿吨）	-22.84	-9.86	0.25	-1.7	0.69	-0.58	-11.01	-9.97	-15.39	-2.22	-67.92	-0.86
	幅度（%）	-29.75	-6.03	1.51	-32.81	10.94	-11.41	-27.54	-28.4	-31.43	-16.09	-44.38	
CE80	变化值（亿吨）	-22.89	-10.53	0.12	-1.67	0.68	-0.51	-10.5	-9.59	-14.94	-2.16	-68.52	-0.86
	幅度（%）	-29.82	-6.44	0.74	-32.34	10.69	-10.04	-26.28	-27.3	-30.51	-15.7	-44.77	
CE50	变化值（亿吨）	-22.93	-10.88	0.06	-1.66	0.67	-0.48	-10.23	-9.39	-14.71	-2.14	-68.86	-0.86
	幅度（%）	-29.86	-6.66	0.34	-32.1	10.57	-9.36	-25.59	-26.74	-30.03	-15.51	-44.99	
CI90	变化值（亿吨）	-22.93	-10.42	0.13	-1.68	0.67	-0.51	-10.56	-9.51	-15.07	-2.2	-68.6	-0.86
	幅度（%）	-29.86	-6.38	0.77	-32.44	10.64	-9.93	-26.42	-27.09	-30.77	-15.93	-44.82	
CI80	变化值（亿吨）	-22.93	-10.7	0.08	-1.67	0.67	-0.49	-10.35	-9.42	-14.85	-2.16	-68.78	-0.86
	幅度（%）	-29.87	-6.55	0.5	-32.24	10.58	-9.52	-25.9	-26.83	-30.33	-15.69	-44.94	
CI50	变化值（亿吨）	-22.94	-10.92	0.05	-1.66	0.67	-0.47	-10.2	-9.35	-14.69	-2.14	-68.91	-0.86
	幅度（%）	-29.88	-6.68	0.29	-32.09	10.54	-9.24	-25.51	-26.63	-30.01	-15.52	-45.03	

首先，总体来看，如图6-11所示，与无低碳政策的基准情景相比，在2030年强度减排约束目标下，碳税情景下工业全行业减排量为128.77亿吨，下降幅度为22.23%。CE90、CE80、CE50、CZ90、CI80和CI50六种碳交易情景下工业全行业减排量分别为140.51亿吨、140.51亿吨、140.51亿吨、140.51亿吨、140.51亿吨和140.51亿吨，下降幅度分别为24.26%、24.26%、24.26%、24.26%、24.26%和24.26%。由比较结果可知，与碳税政策情景相比，工业行业碳交易政策减排效应更加显著。主要原因在于，碳交易产出的下降幅度大于碳税产出的下降幅度。正如之前的分析，碳税情景下（TAX）工业全行业总产出下降40.30亿元，下降幅度为7.97%。CE90、CE80、CE50、CZ90、CI80和CI50六种碳交易情景下工业全行业产出分别下降119.71亿元、120.65亿元、122.53亿元、119.95亿元、120.30亿元和120.92亿元，下降幅度分别为23.66%、23.84%、24.22%、23.70%、23.78%和23.90%。因此，虽然强度减排目标约束相同，不同的产出效应仍然导致两种低碳政策的总减排量呈现出较大的差异。

其次，分行业具体来看，对于碳交易机制覆盖行业，如表6-13所示，与基准情景相比，电力行业碳交易政策减排效应最为显著，2030年在免费配额比例为90%的历史排放量准则下减排量最少，为67.92亿吨，减排幅度为44.38%，而电力行业碳税政策下减排量为29.54亿吨，减排幅度为18.79%，与碳交易政策减排效应相比，电力行业碳税政策减排效应较弱；钢铁、水泥、化工等高能耗的交易覆盖行业在实施2030年减排约束目标后，与基准情景相比，碳税政策下二氧化碳排放量分别下降9.83亿吨、7.51亿吨和7.53亿吨，减排幅度分别为19.44%、20.65%和18.21%，同时，与产出效应类似，这三大高能耗工业产业在免费配额比例为90%的历史强度准则下（CI90）碳交易政策减排效应最小，二氧化碳排放量分别下降15.07亿吨、9.51亿吨和10.56亿吨，分别是碳税政策情景下二氧化碳减排量的1.53倍、1.27倍和1.40倍。可见，对于碳交易机制覆盖行业而言，碳交易减排效应比碳税政策减排效应更加显著。

对于机制非覆盖行业而言，煤炭行业碳税政策减排效应最为显著。2030年碳税政策下煤炭行业较基准情景减排量为28.24亿吨，减排幅度为35.93%，而碳交易政策下煤炭行业最大减排量为22.94亿吨，减排幅度为29.88%。石油行业碳税政策下减排量为36.86亿吨，减排幅度为22.05%；碳交易政策下石油行业的最大减排量为10.92亿吨，减排幅度为6.68%，显然石油行业碳交易政策减排效应明显低于碳税政策减排效应，天然气行业与石油行业类似，碳交易政策减排效应明显低于碳税政策减排效应。值得注意的是，轻工业减排效应在碳交易政策和碳税政策中存在明显差异，轻工业碳税政策下的二氧化碳排放较基准情景有小幅下降，碳交易政策下轻工业的二氧化碳排放却有少许上升。

进一步比较减排效应变异系数，如表6-13所示，碳税政策的减排效应变异系数为0.27，六种碳交易政策减排效应的变异系数都为0.86，明显大于碳税政策减排效应变异系数。由于我国能源结构以煤炭为主，且碳排放量主要集中在化石能源工业部门，因此碳税比碳交易能更有效地促进能源结构的平稳调整。

　　综上所述，碳税政策和碳交易政策的实施均会促进工业行业二氧化碳减排，而且与产出效应类似，两者影响的幅度和作用的部门不尽相同。对于减排效应的比较研究发现，各工业行业对于不同政策的敏感度存在较大的差异，单一的碳税或碳交易减排政策不能同时实现所有工业部门最大限度减排。同时，我国工业以高碳工业为主，如果只实施单一政策的话无疑会对我国工业的生存造成巨大的困难。因此，要想以较低的减排成本实现我国的减排目标，应当采用复合政策，充分利用碳交易市场减排的同时，适当利用碳税政策的干预效应，以此保证工业的健康发展。

第三篇　区域篇

第7章 基于参数法的区域间碳交易情景模拟与福利效应测度

7.1 基于参数法的区域边际减排成本模型

7.1.1 方向性距离函数

在定义方向性距离函数之前，我们首先来定义生产技术函数或者说产出集合，它描述的是所有可行的投入—产出向量，可以用公式表示为：

$$P(x) = \{(y, b)：x 能够生产出 (y, b)\} \qquad (7-1)$$

这一生产技术函数 $P(x)$ 具有以下四种性质：

（1）投入具有自由处置性，即若 $x' > x$，则有 $P(x') \supseteq P(x)$；

（2）期望产出的自由处置性。当满足 $(y, b) \in P(x)$ 以及 $y' \leqslant y$，则 $(y', b) \in P(x)$。该性质说明期望产出是可以自由处置的；

（3）非期望产出的弱自由处置性。当满足 $(y, b) \in P(x)$ 以及 $0 \leqslant \theta \leqslant 1$，则 $(\theta y, \theta b) \in P(x)$。该性质说明在给定的投入水平下，减少非期望产出的同时减少期望产出也是可行的，这也意味着减少非期望产出是需要成本的；

（4）非期望产出与期望产出的。当满足 $(y, b) \in P(x)$ 以及 $y = 0$，则 $b = 0$。该性质说明了非期望产出与期望产出是属于联合生产的，想要不生产非期望产出只能停止生产，期望产出的生产一定会伴随着一定量的非期望产出。

在定义了生产技术函数后，方向性产出距离函数的基本形式可以表示为：

$$D_0(x, y, b; g_y, g_b) = max\{\beta：(y + \beta g_y, b - \beta g_b) \in P(x)\} \qquad (7-2)$$

其中 x 代表投入向量，y 代表期望产出，b 代表非期望产出向量，$g = (g_y, g_b)$ 为方向向量，分别代表期望产出的变动方向和非期望产出的变动方向，并假

定 $g \neq 0$；β 则代表目前情况下决策单元产出与有效边界的距离，其值越大表明决策单元距离有效生产边界越远；$P(x)$ 代表生产技术函数。该方向性产出距离函数表示在给定生产技术函数 $P(x)$ 的条件下，最大限度增加期望产出的同时，可以降低非期望产出。如图 7-1 所示，点 (b, y) 在生产前沿之内，沿着方向 (g_y, g_b) 达到 $P(x)$ 的前沿 $(b - \beta * g_b, y + \beta * g_y)$。

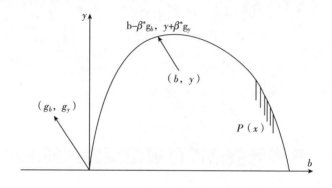

图 7-1　方向性距离函数

7.1.2　减排成本模型的构建

许多非期望产出由于没有市场价格，需要通过影子价格进行估计，本章依据方向性产出距离函数与收益函数之间的对偶关系推导影子价格。设 p_y 为期望产出的价格，p_b 为非期望产出的价格，w 为投入的价格向量。则收益函数可以定义为：

$$\pi(w, p_y, p_b) = \max \{ p_y y - wx - p_b b : (y, b) \in P(x) \} \qquad (7-3)$$

收益函数 $\pi(w, p_y, p_b)$ 定义了在给定投入 x 的条件下最大可能的收益，显然非期望产出对于利润的贡献是负的，或者说处理非期望产出需要成本。

由于生产单元总是位于生产前沿之上或者之内，因此 $D_0(x, y, b; g_y, g_b) \geqslant 0$，也就是说，$(y, b) \in P(x)$ 与 $D_0(x, y, b; g_y, g_b) \geqslant 0$ 是等价的。利润函数可以等价地定义为：

$$\pi(w, p_y, p_b) = \max \{ p_y y - wx - p_b b : D_0(x, y, b; g_y, g_b) \geqslant 0 \} \qquad (7-4)$$

若 $(y, b) \in P(x)$，那么有：

$$(y + \beta g_y, b - \beta g_b) = \{ (y + D_0(x, y, b; g)g_y, b - D_0(x, y, b; g)g_b) \in P(x) \}$$

上式表明如果产出向量 (y, b) 是可行的，那么沿着方向 $g(g_y, g_b)$ 消除了非效率后的产出也是可行的。因此，利润函数还可以写为以下形式：

$$\pi(w, \ p_y, \ p_b) \geqslant (p_y y - wx - p_b b) + p_y D_0(x, \ y, \ b; \ g)g_y + p_b D_0(x, \ y, \ b; \ g)g_b$$
$$(7-5)$$

上式中不等式左边是最大可能的利润，右边是实际的利润（$p_y y - wx - p_b b$）加上消除了技术非效率后获得的额外收益。这个额外收益包括两部分，一是期望产出增加的收益，即 $p_y D_0$（$x, \ y, \ b; \ g$）g_y，二是非期望产出减少带来的收益，这种收益实质上是由于非期望产出的下降，从总收益中扣除的非期望产出的成本，即为 $p_b D_0$（$x, \ y, \ b; \ g$）g_b。若生产单元沿着方向向量移动到生产集 P（x）的前沿，产出的配置将是有效率的，此时式中的不等式将变成等式。

$$D_0(x, \ y, \ b; \ g) \leqslant \frac{\pi(w, \ p_y, \ p_b) - (p_y y - wx - p_b b)}{pg_y + q \, g_b} \qquad (7-6)$$

因此方向性产出距离函数可以定义为：

$$D_0(x, \ y, \ b; \ g) = \min_{p_y}\left\{\frac{\pi(w, \ p_y, \ p_b) - (p_y y - wx - p_b b)}{pg_y + q \, g_b}\right\} \qquad (7-7)$$

对上式应用包络定理可以得到以下影子价格模型：

$$\frac{\partial D_0(x,y,b;g)}{\partial y} = \frac{-p_y}{p_y g_y + p_b g_b} \leqslant 0 \qquad (7-8)$$

$$\frac{\partial \, D_0 \, (x, \ y, \ b; \ g)}{\partial b} = \frac{p_b}{p_y g_y + p_b g_b} \geqslant 0 \qquad (7-9)$$

因此，如果知道了期望产出的价格 p_y，那么第 j 种非期望产出的价格 p_b 可以由以下公式求出：

$$p_b = -p_y\left(\frac{\dfrac{\partial D_0(x,y,b;g)}{\partial b}}{\dfrac{\partial D_0(x,y,b;g)}{\partial y}}\right) \qquad (7-10)$$

7.1.3　距离函数的参数形式

由于具有良好的微分性质，参数形式的距离函数可以简单地推导解出影子价格。常见的参数化形式主要有：超越对数函数、二次函数。Chung（1996）首次提出利用超越对数函数，来完成产出方向性距离函数的参数化。参照 Chung（1996）和 Färe 等（2005）的研究思路，采用超越对数产出方向性距离函数估算影子价格，函数形式表示为：

$$\ln D_0(x^{i,t}, y^{i,t}, b^{i,t}) = \alpha_0 + \sum_{n=1}^{3}\beta_n \ln x_n^{i,t} + \frac{1}{2}\sum_{n=1}^{3}\sum_{n'=1}^{3}\beta_{nn'}(\ln x_n^{i,t})(\ln x_{n'}^{i,t}) +$$

$$\gamma_0 \ln y^{i,t} + \frac{1}{2}\gamma_{00}(\ln y^{i,t})(\ln y^{i,t}) + \frac{1}{2}\varepsilon_1 \ln y^{i,t}\ln b^{i,t} +$$

$$\delta_0 \ln b^{i,t} + \frac{1}{2} \delta_{00} (\ln b^{i,t})(\ln b^{i,t}) + \frac{1}{2} \varepsilon_2 \ln b^{i,t} \ln y^{i,t} +$$

$$\sum_{n=1}^{3} \eta_n \ln x_n^{i,t} \ln y^{i,t} + \sum_{n=1}^{3} \mu_n \ln x_n^{i,t} \ln b^{i,t} + \nu_t t + \frac{1}{2} \nu_u t^2 +$$

$$\sum_{n=1}^{3} \beta_{nt} \ln t x_n^{i,t} + \omega_{yt} \ln t y^{i,t} + \omega_{bt} \ln t b^{i,t} \qquad (7-11)$$

其中，y 代表期望产出，b 代表非期望产出，n，$n' = 1$，2，3 分别代表资本存量、劳动和能源消费三种投入向量 x。$i = 1$，2，$\cdots$，29 分别代表作为研究对象的中国 29 个省市。同时，方程中加入时间变量 t 来考虑时间趋势，$t = 1$，2，$\cdots$，11 对应研究的时间跨度（2005～2015 年）。

为了测算影子价格，首先需要估计出公式（7-11）中的 24 个系数。公式左边使用 $\ln [1 + D_0 (x^i, y^i, b^i)]$ 而非 $\ln D_0 (x^i, y^i, b^i)$ 的原因主要在于，要保证对数函数的定义域为正，因为在技术前沿面上的 $D_0 (x^i, y^i, b^i)$ 取值为 0。Chung（1996）提出通过最小化所有决策单位与有效前沿面的偏差可以估计出这些系数，该最优化问题表述如下：

$$\max \sum_{t=1}^{T} \sum_{i=1}^{I} \ln D_0 (x^{i,t}, y^{i,t}, b^{i,t})$$

$$s.t. \ln D_0 (x^{i,t}, y^{i,t}, b^{i,t}) \leq 0; i = 1,2,\cdots,I; t = 1,2,\cdots,T$$

$$\frac{\partial \ln D_0 (x^{i,t}, y^{i,t}, b^{i,t})}{\partial \ln y^{i,t}} \geq 0; i = 1,2,\cdots,I; t = 1,2,\cdots,T$$

$$\frac{\partial \ln D_0 (x^{i,t}, y^{i,t}, b^{i,t})}{\partial \ln b^{i,t}} \leq 0; i = 1,2,\cdots,I; t = 1,2,\cdots,T$$

$$\frac{\partial \ln D_0 (x^{i,t}, y^{i,t}, b^{i,t})}{\partial \ln x_n^{i,t}} \leq 0; n = 1,2,\cdots,N; i = 1,2,\cdots,I; t = 1,2,\cdots,T$$

$$\gamma_0 + \delta_0 = 1$$

$$\gamma_{00} + \varepsilon_1 = 0$$

$$\delta_{00} + \varepsilon_2 = 0$$

$$\eta_n + \mu_n = 0, n = 1,2,3$$

$$\omega_{yt} + \omega_{bt} = 0$$

$$\beta_{nn'} = \beta_{n'n} n \neq n', n, n' = 1,2,3$$

$$\varepsilon_1 = \varepsilon_2 \qquad (7-12)$$

该线性规划旨在求解使得各个减排主体都有效地系数估计。限制条件 1 保证了所有决策单位都不超过技术前沿面，限制条件 2 和条件 3 则限定了好产出和坏产出的影子价格分别为非负和非正，限制条件 4～条件 7 对产出变量作了一个一阶齐次的假定，这意味着在给定投入和技术条件下，随着产出的增加，距离函数值也以相同比例扩张，从而符合产出变量的弱处置性。限制条件 8 则意味着赋予超越对数函数对称性。

又有：

$$\frac{\partial D_0(x,\,y,\,b;\,g)}{\partial b} = \frac{\partial D_0(x,\,y,\,b;\,g)}{\partial \ln[1 + D_0(x,\,y,\,b;\,g)]} \cdot$$

$$\frac{\partial \ln[1 + D_0(x,\,y,\,b;\,g)]}{\partial \ln b} \cdot \frac{\partial \ln b}{\partial b}$$

$$= \frac{\partial \ln[1 + D_0(x,\,y,\,b;\,g)]}{\partial \ln b} \cdot \frac{1}{b} \qquad (7-13)$$

$$\frac{\partial D_0(x,\,y,\,b;\,g)}{\partial y} = \frac{\partial D_0(x,\,y,\,b;\,g)}{\partial \ln[1 + D_0(x,\,y,\,b;\,g)]} \cdot$$

$$\frac{\partial \ln[1 + D_0(x,\,y,\,b;\,g)]}{\partial \ln y} \cdot \frac{\partial \ln y}{\partial y}$$

$$= \frac{\partial \ln[1 + D_0(x,\,y,\,b;\,g)]}{\partial \ln y} \cdot \frac{1}{y} \qquad (7-14)$$

所以，

$$p_b = -p_y \left(\frac{\dfrac{\partial \ln[1 + D_0(x,\,y,\,b;\,g)]}{\partial \ln b}}{\dfrac{\partial \ln[1 + D_0(x,\,y,\,b;\,g)]}{\partial \ln y}} \right) \cdot \frac{y}{b} \qquad (7-15)$$

$$\frac{\partial \ln[1 + D_0(x,y,b;g)]}{\partial \ln b} = \delta_0 + \delta_{00}\ln b^i + \varepsilon \ln y^i + \sum_{n=1}^{3} \mu_n \ln x_n^i \qquad (7-16)$$

$$\frac{\partial \ln[1 + D_0(x,y,b;g)]}{\partial \ln y} = \gamma_0 + \gamma_{00}\ln y^i + \varepsilon \ln y^i + \sum_{n=1}^{3} \eta_n \ln x_n^i \qquad (7-17)$$

将式（7-16）和式（7-17）代入式（7-15）得到影子价格的计算公式为：

$$p_b = \frac{\delta_0 + \delta_{00}\ln b^i + \varepsilon \ln y^i + \sum_{n=1}^{3} \mu_n \ln x_n^i}{\gamma_0 + \gamma_{00}\ln y^i + \varepsilon \ln y^i + \sum_{n=1}^{3} \eta_n \ln x_n^i} \cdot \frac{y}{b} \qquad (7-18)$$

7.2　区域边际减排成本测算

7.2.1　数据选取与处理

利用参数化的方向性距离函数估算 2005～2015 年中国各省份二氧化碳影子

价格。其中，西藏自治区和重庆市由于数据缺失而被排除，故分析样本为2005～2015 年中国大陆29 个省（市）数据。其中，作为生产投入的 x 向量包括：资本存量、从业人数和能源消费量三类；GDP 作为期望产出 y；二氧化碳排放量作为非期望产出 b。五类原始变量的详细说明如下：

（1）资本存量（亿元）：利用永续盘存法估算各期资本存量，以 2000 年为基期，基期数据采用单豪杰（2008）的估算值。

$$K_t = I_t + (1 - \delta_t) K_{t-1} \qquad (7-19)$$

其中，K_t 为第 t 年的资本存量；K_{t-1} 为第 $t-1$ 年的资本存量；δ 则为资本折旧率，与单豪杰（2008）一致保持一致，设置为 10.96%；I_t 为第 t 年的固定资产形成额。

（2）劳动力（万人）：数据来源于《中国统计年鉴》中各省份全社会从业人员数。

（3）能源消费量（万吨标准煤）：数据来源于历年《中国能源统计年鉴》。

（4）地区生产总值（亿元）：是以 2000 年为基期计算得到的实际地区生产总值，数据同样来源于《中国统计年鉴》。

（5）CO_2 排放量（万吨）：中国并未公布 CO_2 排放量，而 CO_2 排放主要来源于化石能源消费及其转化。因此，采用 IPCC 碳排放计算指南公布的碳排放计算公式对我国各省份 CO_2 排放量进行测算：

$$b = \sum_{i=1}^{8} E_i \times CF_i \times CC_i \times \frac{44}{12} \qquad (7-20)$$

其中，b 代表来自化石能源消费的二氧化碳排放量；E_i 代表各个省份每年化石能源的消费量，i 代表化石能源的种类，主要有八种，分别为原煤、焦炭、原油、汽油、柴油、煤油、天然气和燃料油，E_i 数据来源于《中国能源统计年鉴》；CF_i 为折标准煤系数，来自于《能源统计报表制度（2010）》；CC_i 为碳排放系数，来自《IPCC 国家温室气体清单指南》；44/12 表示将碳原子质量转化为二氧化碳质量的转换系数，也就是将碳排放量转换为二氧化碳排放量。以上所包含的各能源品种折标准煤系数和碳排放系数如表 7-1 所示，各变量数据的统计特征描述在表（7-2）中。

表 7-1　各能源品种折标准煤系数和碳排放系数

种类	折煤系数	碳排放系数	种类	折煤系数	碳排放系数
原煤	0.7143	0.7559	柴油	1.4571	0.5921
焦炭	0.9713	0.855	煤油	1.4714	0.5741
原油	1.4286	0.5857	天然气	1.33	0.4483
汽油	1.4714	0.5535	燃料油	1.4286	0.6185

表7-2　五类变量的统计性描述

变量	单位	样本数	平均值	最大值	最小值	标准差
产出						
实际GDP	亿元	319	11028.31	53684.55	465.52	9631.32
碳排放量	万吨	319	37321.43	137726.65	1639.57	25875.50
投入						
资本存量	亿元	319	26707.79	120183.34	1464.21	22147.07
劳动力	万人	319	2607.75	6636.00	291.04	1733.77
能源消耗量	万吨标准煤	319	12716.10	38899.00	822.00	8014.81

7.2.2　CO_2 边际减排成本的测度

利用参数化的方向性距离函数计算得到中国29个省份2006~2015年各年的 CO_2 边际减排成本，其统计特征列在表7-3中。其中，各省份2006~2015年 CO_2 边际减排成本的平均值为2759.68元/吨，最小值为511.61元/吨，最大值为8578.21元/吨，约为最小值的17倍。标准差达到了1514.79元/吨，大约是最小值的3倍大小。CO_2 边际减排成本的统计特征表明中国29个省份之间的减排成本存在很大差异。

表7-3　CO_2 边际减排成本的统计性描述　　　（单位：元/吨）

样本数	平均数	标准差	最大值	最小值
290	2759.68	1514.79	8678.21	511.61

图7-2给出了各省份研究期间 CO_2 边际减排成本的中位值排序。明显地，广东省具有最高的 CO_2 边际减排成本水平（中位值达到5878.44元/吨），紧随其后的是北京市（中位值为5533.83元/吨），上海市（中位值为4637.82元/吨），福建省（中位值为4579.31元/吨）和浙江省（中位值为4195.22元/吨）。而宁夏回族自治区则具有最低的的 CO_2 边际减排成本水平，中位值仅为580.75元/吨，大概是广东省中位值的9.9%。各省份减排成本的中位值排序再次显示了区域间碳减排成本的巨大差异，而这种差异性也同时表明中国具备建立区域间碳交易市场的基础条件和潜在价值。

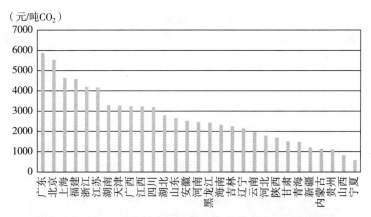

（元/吨CO$_2$）

图 7 - 2　2006 ~ 2015 年中国区域二氧化碳 MAC 中位值排序

进一步计算变异系数（CV）量化 CO_2 边际减排成本的分散性，图 7 - 3 列示了计算结果。如图 7 - 3 所示，29 个省份的 CO_2 边际减排成本差异性在样本期间（2006 ~ 2015 年）逐年上升，这说明各省之间的减排成本差异随着时间逐渐增大。

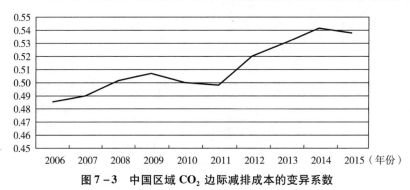

图 7 - 3　中国区域 CO_2 边际减排成本的变异系数

7.2.3　CO_2 边际减排成本曲线的拟合

图 7 - 4 列出了 29 个省份边际减排成本曲线中 β 绝对值的排序情况。最小的 β 绝对值为 0.02，而最大的 β 绝对值为 0.56，约为最小值的 28 倍。并且，东部发达省份的 β 绝对值均明显偏高，例如广东省、北京市、上海市和江苏省，而西部欠发达省份的 β 绝对值均明显低于平均水平。由此表明，东部发达省份二氧化碳减排工作相对较难，而西部欠发达地区，如宁夏、新疆和青海等则拥有比东部省份更大的减排潜力和减排空间。可以推断的是，在碳排放权交易市场（以下简称 ETS）建立的初期，如果政府可以给西部地区分配相对更多的减排任务并给予一定的财政支持，那么在社会整体福利的层次上，就存在着帕累托改善效应。

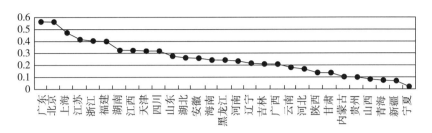

图 7 - 4　中国区域 CO_2 边际减排成本曲线的 β 绝对值

图 7 - 5 列出了 29 个省份 CO_2 边际减排成本拟合曲线。由图可知,几乎所有省份的 MAC 曲线都向上倾斜。这意味着,随着二氧化碳减排率的提高,边际减排成本也会逐渐增加,其减排工作都会越来越难。在图 7 - 5 中,广东省、北京市、江苏省等的边际减排成本曲线明显要比其他省市更加陡峭,而宁夏由于 β 绝对值最小,其拥有最平坦的 CO_2 边际减排成本曲线。

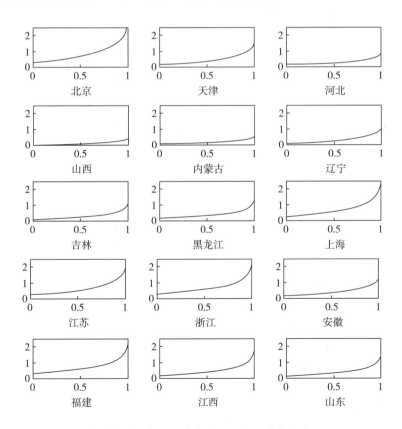

图 7 - 5　中国区域 CO_2 边际减排成本曲线

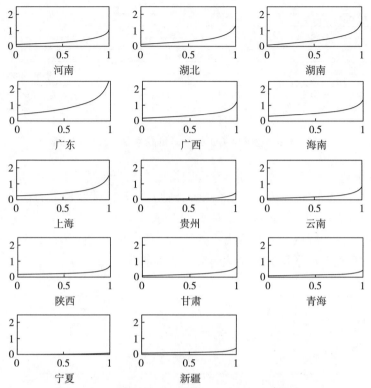

图 7 – 5   中国区域 CO_2 边际减排成本曲线（续）

注：横轴代表减排率 r_{ij}；纵轴代表减排率对应的 CO_2 边际减排成本 MAC（r_i）（单位：万元/吨）。

7.3   交易情景模拟与福利效应测度

2009 年，中国政府承诺到 2020 年单位国内生产总值二氧化碳排放量（以下简称碳强度）将在 2005 年基础上减少 40% ~ 45%。2015 年政府再次承诺，到 2030 年单位国内生产总值二氧化碳排放量将在 2005 年基础上减少 60% ~ 65%。2016 年，中国国务院印发关于《"十三五"控制温室气体排放工作方法》，提出为了加快推进绿色低碳发展，将 2020 年碳强度减排目标提高到比 2015 年下降 18% 的目标。

根据目前中国政府减排的实际情况，以国务院"十三五"提出的 2020 最新减排目标和 2030 减排目标为对象，模拟研究不同目标下各区域之间的碳交易情况，并测度福利效应。

7.3.1　区域间碳交易的情景设计

7.3.1.1　碳排放总量限额

根据中国碳强度减排目标，计算目标期中国全域内许可排放的碳总量限额。

第一，根据碳强度计算公式：

$$CI_t = \frac{C_t}{GDP_t} \qquad (7-21)$$

其中，CI_t 表示第 t 年的碳强度，C_t 表示第 t 年的碳排放总量，GDP_t 表示第 t 年的国内生产总值。根据碳强度定义，2005 年全国二氧化碳排放量约为 757931.86 万吨，全国国内生产总值为 170049.58 亿元（2000 年不变价格），可以计算得出 2005 年碳强度 CI_{2005} 为 4.46 吨/万元。

第二，根据国家设定的强度减排目标，设计三类减排目标情景：

目标一：2020 年碳强度比 2015 年下降 18%。根据中国 2015 年实际碳强度约 2.61 吨/万元计算，该目标下 2020 年碳强度将下降到 2.14 吨/万元；

目标二：2030 年碳强度比 2005 年下降 60%，即 1.784 吨/万元；

目标三：2030 年碳强度比 2005 年下降 65%，即 1.561 吨/万元。

第三，根据相关研究，预估目标年份的国内生产总值。由于中国经济已经开始进入稳态增长阶段，假定 2017 ~ 2020 年的国内生产总值年增长率保持不变，根据中国社科院的《经济蓝皮书》报告，中国 CDP 年均增长率将为 6.7% 左右，由此可以计算得出在 2000 年价格不变下的 2020 年国内生产总值 GDP_{2020} 为 670812.07 亿元。进一步根据国际能源署、花旗银行和世界银行对中国 2021 ~ 2030 年经济增长率的预测分别为 6.7%、5.5% 和 4.4%，取简单算术平均值 5.4% 为计算依据，得到 2030 年国内生产总值 GDP_{2030} 约为亿元。

第四，根据目标年份碳强度和国内生产总值，求出目标年份的二氧化碳排放量限额 C_{2020}。

不同目标情景下 CO_2 总量排放限额预测结果如表 7-4 所示。

表 7-4　目标年度 CO_2 排放总量限额预测

指标	2005 年	2015 年	2020 年	2030 年
国内生产总值（亿元） （2000 年价格 = 100 亿元）	170049.59	489726.60	677291.76	1145992.83
碳强度（吨/万元）	4.46	2.61	目标一：2.14	目标二：1.784 目标三：1.561
二氧化碳排放量 （万吨）	757931.86	1279894.30	目标一：1435537.83	目标二：2044451.21 目标三：1788894.81

7.3.1.2 碳配额的分配准则

在计算出三类不同减排目标情景下全国二氧化碳排放限额后，可以根据不同的配额分配原则，将排放限额分配至各区域。配额分配可以分为免费发放和拍卖两种制度，使用拍卖方式分配配额可能会引起碳排放权价格的较大波动，所以这里采用全部免费分配的原则将碳排放限额分配到各区域。同时，在免费分配时，为兼顾效率与公平，选择两种不同方式确定区域分配比例：一种是"祖父法"，即根据各区域历史排放量来确定分配比例，这种分配方式也是欧盟温室气体排放交易市场一开始成立时所采用的配额分配方法；另一种是人口公平原则，其中心思想是，每个人所享有的碳排放量额度应该是相等的，所以根据各区域覆盖的人口数量来确定分配比例。

7.3.1.3 六种情景设计

根据碳减排目标及初始配额分配方法的选择，共设置六种不同的碳市场交易情景来对各区域间的碳交易和福利效应进行模拟分析。

表7-5 情景设计

六种情景	情景介绍
情景一	减排目标：2020年碳强度比2015年下降18% 初始配额分配原则：根据历史排放量分配
情景二	减排目标：2020年碳强度比2015年下降18% 初始配额分配原则：根据人口数量分配
情景三	减排目标：2030年碳强度比2005年下降60% 初始配额分配原则：根据历史排放量分配
情景四	减排目标：2030年碳强度比2005年下降60% 初始配额分配原则：根据人口数量分配
情景五	减排目标：2030年碳强度比2005年下降65% 初始配额分配原则：根据历史排放量分配
情景六	减排目标：2030年碳强度比2005年下降65% 初始配额分配原则：根据人口数量分配

7.3.2 碳交易均衡模拟

7.3.2.1 均衡价格和均衡交易量

表7-6模拟了六种情景下区域间碳交易的均衡结果。从均衡交易价格的模拟结果看，随着碳强度减排目标的不断提高，其交易价格呈明显上升趋势。2020年目标、2030年60%和65%强度减排目标下的均衡交易价格分别为1436元/吨、1562元/吨和1658元/吨，表明随着碳强度约束的逐步收紧，减排的经济代价会

越来越高，减排任务也会变得越来越艰巨。值得注意的是，配额分配方案本身不会影响均衡碳价，这表现在相同减排目标下不同配额方案得到的均衡碳价完全相同，这从实证的角度印证了 Coase（1960）和 Dales（1968）的理论。

表 7－6　六种情景下均衡价格和均衡交易量模拟结果

情景	情景一	情景二	情景三	情景四	情景五	情景六
均衡价格（元/吨）	1436	1436	1562	1562	1658	1658
均衡交易量（万吨）	627042	473362	943971	712155	861641	653232
社会总福利（万元）	5041.25	2812.33	4936.77	4624.55	6546.87	4486.14

从均衡交易量看，在相同配额方案下，交易量随着减排目标提高呈现先增加后减少的变化规律。在历史排放量配额原则下，2020 年目标、2030 年 60% 和 65% 强度减排目标下的均衡交易量分别为 627042 万吨、943971 万吨和 861641 万吨。在人口配额原则下，2020 年目标、2030 年 60% 和 65% 强度减排目标下的均衡交易量分别为 473362 万吨、712155 万吨和 653232 万吨。一个可能的解释是，碳强度约束初始强化时会增加交易者对市场的依赖，从而增加交易量，这也是构造碳市场的基本前提。但是，随着强度约束进一步收紧和交易价格的逐步提升，市场的交易成本大大增加，交易者转而更倾向于自主减排，造成交易量的减少。欧盟市场发展到成熟阶段后曾出现类似的情况，市场显示交易需求不足和交易量下滑。进一步观察相同减排目标下，不同配额方案的均衡交易量，发现历史配额原则下的交易量均大于人口配额原则的交易量。2020 年目标、2030 年 60% 和 65% 强度减排目标下，前者的均衡交易量分别是 627042 万吨、943971 万吨和 861641 万吨，后者分别是 473362 万吨、712155 万吨和 653232 万吨。这说明，历史排放原则的分配方案可能更体现了构建碳市场的价值和市场效率，人口原则虽然在一定程度上体现了公平原则，但对市场的利用效率相对较低。

从碳交易产生社会福利总量看，在相同的减排目标约束下，依据历史排放量发放配额产生的福利一般大于按照人口原则发放配额时的福利，具体来看情景一比情景二福利高出 79.26%，情景三比情景四福利高出 6.75%，情景五比情景六福利高出 45.94%。

7.3.2.2　区域均衡交易量

图 7－6 描述了在 2020 年碳强度比 2015 年下降 18% 的减排目标下，碳交易市场建立后中国 29 个省份的 CO_2 实际排放量与根据历史排放量比例分配到的初始配额之差所代表的区域碳交易量。很明显，所有区域实际碳排放量与初始配额之间均存在明显差异。图 7－6 中的正值说明部分省份的最终 CO_2 排放量大于初始配额，按照差别量从大到小排序，分别是广东、福建、江苏、浙江、湖南、四

川、上海、北京、湖北、天津、江西、黑龙江、广西。也就是说，这 13 个省市将会成为碳交易市场上的配额购买者。相反地，其余 16 个省份数值为负，表明这些区域 CO_2 实际排放量小于初始配额，因而属于碳交易市场的配额出售者。这些出售碳配额的省份按照交易量由大到小排序分别是山西、山东、内蒙古、河北、河南、陕西、新疆、辽宁、贵州、宁夏、吉林、甘肃、青海、安徽、海南和云南。

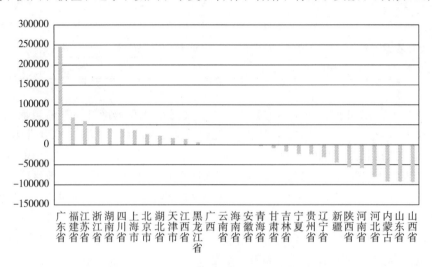

图 7 - 6　区域碳交易量——情景一

图 7 - 7 描述了在 2020 年比 2015 年碳强度下降 18% 的减排目标下，29 个省份根据人口比例分配到的 CO_2 排放量初始配额与碳交易市场建立后的 CO_2 实际排放量之差所代表的区域碳交易量。很明显，所有区域实际碳排放量与初始配额之间均存在明显差异。同样，图 7 - 7 中的正值说明部分省份的最终 CO_2 排放量大于基于人口分配的初始配额，按照差别量从大到小排序，分别是广东、江苏、福建、上海、浙江、天津、北京、黑龙江、湖南、辽宁。也就是说，这 10 个省市将会成为碳交易市场上的配额购买者。相反地，其余 19 个省份的 CO_2 实际排放量比初始配额少，因此成为碳交易市场的配额卖出者。这些出售碳配的省份按照交易量由大到小排序分别是河南、山东、河北、安徽、山西、陕西、云南、内蒙古、贵州、广西、吉林、甘肃、新疆、江西、四川、宁夏、海南、青海和湖北。

图 7 - 8 描述了在 2030 年比 2005 年碳强度下降 60% 的减排目标下，29 个省份根据历史排放量比例分配到的 CO_2 排放量初始配额与碳交易市场建立后的 CO_2 实际排放量之差显示的区域碳交易量。图 7 - 8 中的正值说明部分省份的最终 CO_2 排放量大于基于人口分配的初始配额，按照交易量从大到小排序，分别是广

东、福建、江苏、浙江、四川、上海、湖南、北京、湖北、天津、江西、黑龙江。也就是说，这 12 个省市将会成为碳交易市场上的配额购买者。相反地，其余 17 个省份因 CO_2 排放量少于初始配额而成为碳交易市场的配额出售者。这些出售碳配额的省份按照交易量由大到小排序分别是山东、山西、内蒙古、河北、河南、陕西、新疆、辽宁、贵州、宁夏、吉林、甘肃、广西、安徽、青海、云南和海南。

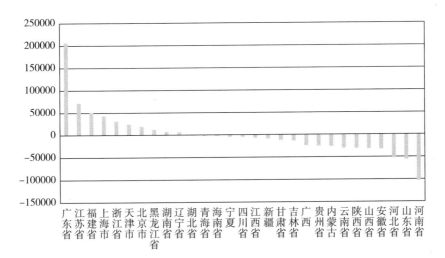

图 7-7　区域碳交易量——情景二

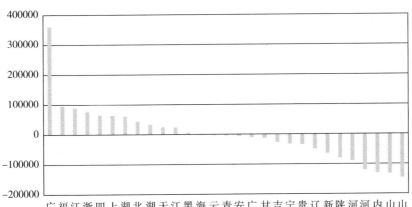

图 7-8　区域碳交易量——情景三

图 7-9 描述了在 2030 年比 2005 年碳强度下降 60% 的减排目标下，29 个省份根据人口比例分配到的 CO_2 排放量初始配额与碳交易市场建立后的 CO_2 实际排放量之差显示的区域碳交易量。图 7-9 中正值显示部分省份的最终 CO_2 排放量大于基于人口分配的初始配额，从而成为碳交易市场的配额购买者。这些省份按照交易量从大到小排序，分别是广东、江苏、上海、福建、浙江、天津、北京、黑龙江、湖南、辽宁、四川等 11 个省市。相反地，其余 18 个省份实际 CO_2 排放量少于初始配额，成为碳交易市场的配额出售者。这些出售碳配额的省份按照交易量由大到小排序分别是河南、山东、河北、安徽、广西、山西、云南、陕西、贵州、内蒙古、吉林、甘肃、新疆、宁夏、江西、海南、青海和湖北。

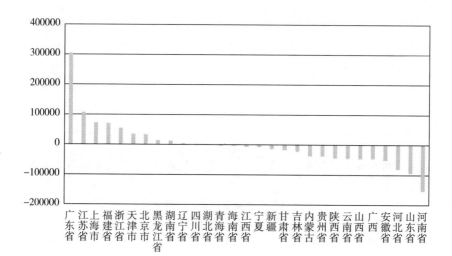

图 7-9　区域碳交易量——情景四

图 7-10 描述了在 2030 年比 2005 年碳强度下降 65% 的减排目标下，29 个省份根据历史排放量比例分配到的 CO_2 排放量初始配额与碳交易市场建立后的 CO_2 实际排放量的区别，代表各区域的均衡交易量。图 7-10 中正值说明部分省份最终 CO_2 排放量大于基于历史排放量的初始配额，按照交易量从大到小排序，分别是广东、福建、江苏、浙江、上海、四川、湖南、北京、湖北、江西、天津、黑龙江 12 个省市。也就是说，这些省市将会成为碳交易市场上的配额购买者。相反地，其余 17 个省份成为碳交易市场的配额卖出者。这些出售碳配额的省份按照交易量由大到小排序分别是山东、山西、内蒙古、河北、河南、陕西、新疆、辽宁、贵州、宁夏、吉林、广西、甘肃、安徽、云南、青海和海南。

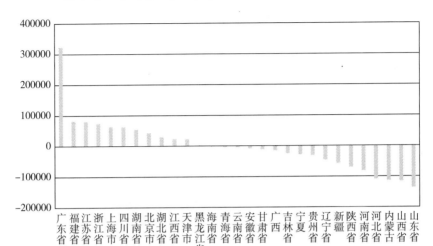

图 7-10 区域碳交易量——情景五

图 7-11 描述了在 2030 年比 2005 年碳强度下降 65% 的减排目标下，29 个省份根据人口比例分配到的 CO_2 排放量初始配额与碳交易市场建立后的 CO_2 实际排放量的差额，即区域碳交易量。图中正值说明部分省份的最终 CO_2 排放量大于基于人口分配的初始配额，按照交易量从大到小排序，分别是广东、江苏、上海、福建、浙江、北京、天津、湖南、黑龙江、四川、辽宁等。也就是说，这 11 个省市将会成为碳交易市场上的配额购买者。相反地，其余 18 个省份成为碳交易市场的配额卖出者。这些出售碳配额的省份按照交易量由大到小的排序分别是河南、山东、河北、安徽、广西、云南、山西、陕西、贵州、内蒙古、吉林、甘肃、新疆、宁夏、海南、江西、青海和湖北。

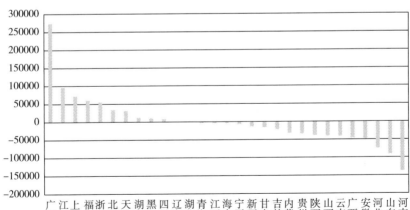

图 7-11 区域碳交易量——情景六

7.3.3 福利效应测度

图 7-12 描述了在 2020 年比 2015 年碳强度下降 18% 的减排目标下，按照历史排放量比例来进行初始配额分配时 29 个省份的福利效应。如图 7-12 所示，在达到上述减排目标的条件下，相对于各区域自主减排时的情况，由于碳交易市场的成本节约效应而增加的社会总福利为 5041.25 万元。其中，获得福利最大的 5 个省份分别是广东、宁夏、内蒙古、陕西和北京，福利共计 2801.55 万元，共占全国总福利的 55.57%。获得福利最小的 5 个省份分别是广西、云南、安徽、黑龙江和海南，福利总计仅 7.88 万元，占全国总福利的 0.16%。福利效应最大的广东所获福利是福利效应最小的广西所获福利的 36327 倍，各省份福利标准差为 209.09 万元。

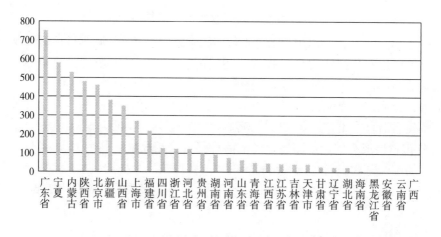

图 7-12 区域碳交易的福利效应——情景一

图 7-13 描述了在 2020 年比 2015 年碳强度下降 18% 的减排目标下，根据人口准则分配初始配额时各省的福利效应。如图 7-13 所示，由于碳交易市场的成本节约效应而增加的社会总福利为 2812.33 万元，总量小于情景一。其中，获得福利最大的 5 个省份分别是广东、上海、山西、北京和福建，福利共计 1597.74 万元，占全国总福利的 56.81%。获得福利最小的 5 个省份分别是湖北、辽宁、四川、湖南和黑龙江，福利总计仅 15.40 万元，占全国总福利的 0.55%。福利效应最大的广东所获福利是福利效应最小的湖北所获福利的 8126 倍，各省份福利标准差为 124.23 万元，福利效应的区域分布相对于情景一更均衡。

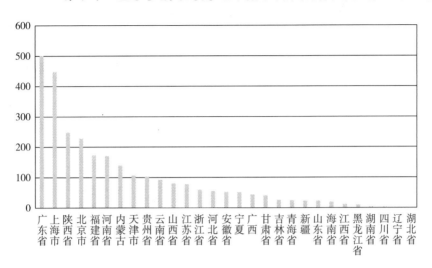

图 7 – 13　区域碳交易的福利效应——情景二

图 7 – 14 描述了在 2030 年比 2005 年碳强度下降 60% 的减排目标下，根据历史排放量比例分配情景下的各省福利效应。如图 7 – 14 所示，在达到上述减排目标的条件下，相对于各区域自主减排时的情况，由于碳交易市场的成本节约效应而增加的社会总福利为 4936.77 万元。其中，获得福利最大的 5 个省份分别是广东、北京、宁夏、内蒙古和陕西，福利共计 2622.82 万元，占全国总福利的53.13%。获得福利最小的 5 个省份分别是云南、黑龙江、安徽、广西和海南，福利总计仅 13.90 万元，占全国总福利的 0.28%。福利效应最大的广东所获福利是福利效应最小的云南所获福利的 1524 倍，各省份福利标准差为 194.83 万元。

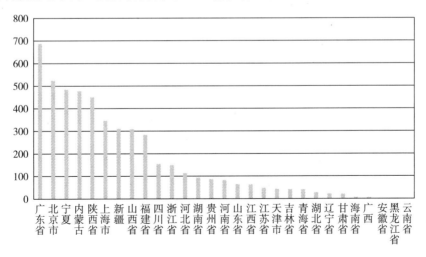

图 7 – 14　区域碳交易的福利效应——情景三

图 7-15 描述了在 2030 年比 2005 年碳强度下降 60% 的减排目标下，根据人口比例分配初始配额情景下的各省福利效应。如图 7-15 所示，在达到上述减排目标的条件下，相对于各区域自主减排时的情况，由于碳交易市场的成本节约效应而增加的社会总福利为 4624.55 万元，略低于情景三。其中，获得福利最大的5 个省份分别是陕西、河南、云南、海南和安徽，福利共计 1725.47 万元，占全国总福利的 37.31%。获得福利最小的5 个省份分别是浙江、江苏、黑龙江、福建和辽宁，福利总计仅 41.95 万元，占全国总福利的 0.91%。福利效应最大的陕西所获福利是福利效应最小的浙江所获福利的 187 倍，各省份福利标准差为119.39 万元，福利在不同区域之间的分布相对于情景三更均衡一些。

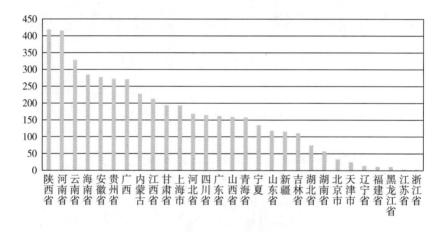

图 7-15　区域碳交易的福利效应——情景四

图 7-16 描述了在 2030 年比 2005 年碳强度下降 65% 的减排目标下，根据历史排放量比例分配的情景下各省市的福利效应。如图 7-16 所示，在达到上述减排目标的条件下，相对于各区域自主减排时的情况，由于碳交易市场的成本节约效应而增加的社会总福利为 6546.87 万元。其中，获得福利最大的5 个省份分别是宁夏、内蒙古、陕西、新疆和山西，福利共计 3785.41 万元，占全国总福利的 57.82%。获得福利最小的5 个省份分别是江苏、江西、天津、湖北和湖南，福利总计仅 14.00 万元，占全国总福利的 0.21%。福利效应最大的宁夏所获福利是福利效应最小的江苏所获福利的 22810 倍，各省份福利标准差为269.30 万元。

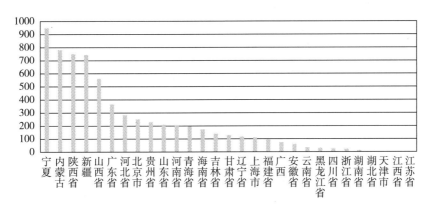

图 7-16　区域碳交易的福利效应——情景五

图 7-17 描述了在 2030 年比 2005 年碳强度下降 65% 的减排目标下，根据人口比例分配的情景下各省市的福利效应。如图 7-17 所示，在达到上述减排目标的条件下，相对于各区域自主减排时的情况，由于碳交易市场的成本节约效应而增加的社会总福利为 4486.14 万元，略低于情景五。其中，获得福利最大的 5 个省份分别是河南、陕西、广西、云南和海南，福利共计 1727.16 万元，占全国总福利的 38.50%。获得福利最小的 5 个省份分别是浙江、江苏、福建、黑龙江和辽宁，福利总计仅 40.11 万元，占全国总福利的 0.89%。福利效应最大的河南所获福利是福利效应最小的浙江所获福利的 3337 倍，各省份福利标准差为 118.34 万元，福利在区域间的分布将对于情景五更均衡一些。

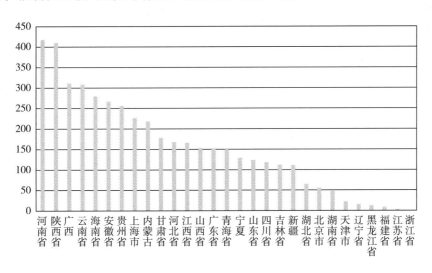

图 7-17　区域碳交易的福利效应——情景六

7.4 多情景比较研究

7.4.1 多情景下区域角色承担比较

如表7-7所示，根据不同的交易情景下，各区域所承担的交易角色及其变化，大致可以分为四类：

第一类：情景设计不影响区域角色承担，该区域始终是市场的购买者。这类区域包括北京、天津、黑龙江、上海、江苏、浙江、福建、湖南、广东。

第二类：情景设计不影响区域角色承担，该区域始终是市场的出售者。这类区域包括河北、山西、内蒙古、吉林、安徽、山东、河南、湖南、贵州、云南、陕西、甘肃、青海。

第三类：情景设计会导致区域角色承担变化，但最终该区域转化为第一类区域。这类区域包括四川、江西和湖北，分别按照历史排放量准则和人口准则分配时，这三个省份会从购买者转化为出售者，但是随着减排强度目标提升到目标二或目标三时，则转化为第一类地区，成为彻底的购买者。

第四类：情景设计会导致区域角色承担变化，但最终该区域转化为第二类区域。这类区域包括辽宁，分别按照历史排放量准则和人口准则分配时，会从出售者转化为购买者，但是随着减排强度目标提升到目标三时，则转化为第二类地区，成为彻底的出售者；广西按照历史排放量准则和人口准则分配时，会从购买者转化为出售者，但是随着减排强度目标提升到目标二时，则转化为第二类地区，也成为彻底的出售者。

表7-7 多情景下各区域市场交易角色

省份	目标一		目标二		目标三	
	历史排放量准则	人口准则	历史排放量准则	人口准则	历史排放量准则	人口准则
北京市	买方	买方	买方	买方	买方	买方
天津市	买方	买方	买方	买方	买方	买方
河北省	卖方	卖方	卖方	卖方	卖方	卖方
山西省	卖方	卖方	卖方	卖方	卖方	卖方
内蒙古自治区	卖方	卖方	卖方	卖方	卖方	卖方
辽宁省	卖方	买方	卖方	买方	卖方	卖方

续表

省份	目标一		目标二		目标三	
	历史排放量准则	人口准则	历史排放量准则	人口准则	历史排放量准则	人口准则
吉林省	卖方	卖方	卖方	卖方	卖方	卖方
黑龙江省	买方	买方	买方	买方	买方	买方
上海市	买方	买方	买方	买方	买方	买方
江苏省	买方	买方	买方	买方	买方	买方
浙江省	买方	买方	买方	买方	买方	买方
安徽省	卖方	卖方	买方	卖方	买方	卖方
福建省	买方	买方	买方	买方	买方	买方
江西省	买方	买方	买方	卖方	买方	卖方
山东省	卖方	卖方	买方	卖方	买方	卖方
河南省	卖方	卖方	买方	卖方	买方	卖方
湖北省	买方	买方	买方	卖方	买方	卖方
湖南省	买方	买方	买方	买方	买方	买方
广东省	买方	买方	买方	买方	买方	买方
广西壮族自治区	买方	卖方	买方	卖方	买方	卖方
海南省	卖方	卖方	买方	卖方	买方	卖方
四川省	买方	卖方	买方	卖方	买方	卖方
贵州省	卖方	卖方	卖方	卖方	卖方	卖方
云南省	卖方	卖方	卖方	卖方	卖方	卖方
陕西省	卖方	卖方	卖方	卖方	卖方	卖方
甘肃省	卖方	卖方	卖方	卖方	卖方	卖方
青海省	卖方	卖方	卖方	卖方	卖方	卖方
宁夏回族自治区	卖方	卖方	卖方	卖方	卖方	卖方
新疆维吾尔自治区	卖方	卖方	卖方	卖方	卖方	卖方

7.4.2　多情景下区域交易量与区域福利效应比较

图7-18和图7-19分别比较了人口配额原则下和历史排放配额原则下各区域在完成三类不同减排目标时的交易量。各区域交易量的变化规律与全域范围内的情况比较相似，当减排目标设定为较低的目标一时，交易量相对较低；当强度约束升级为目标二时，几乎所有省份的交易量都有所增长，表明对市场的依赖增强；但是随着强度约束进一步升级为目标三时，各省份的交易量出现明显的反向收缩，表明各区域开始趋向退出市场，更多地通过自主减排达到预定的目标。但是，这里面也存在个别特例，包括作为购买者的上海，作为出售者的安徽和云南

中国碳配额交易机制情景模拟与福利效应测度

的交易量始终上升，随着减排目标提升对市场的依赖越来越强。

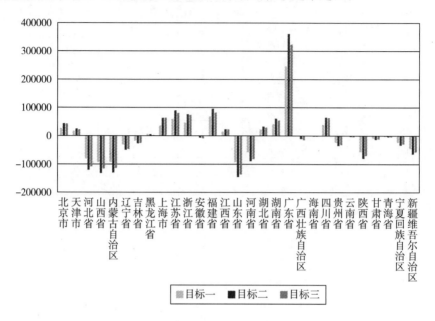

图 7-18　基于人口配额原则的区域碳交易量比较

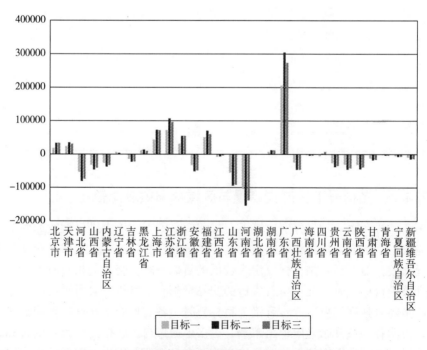

图 7-19　基于历史排放配额原则的区域碳交易量比较

配额方案对于交易量的影响没有明显的规律性，历史配额原则下交易量超过人口配额交易量的省份包括北京、河北、山西、内蒙古、辽宁、吉林、浙江、福建、山东、湖南、广东、陕西、宁夏和新疆14个省份，其余省份则正好相反。

在福利效应方面，不同的减排目标对于各区域福利大小也有影响。图7-20和图7-21分别描述了在人口配额原则和历史排放量原则下，各省份在三类不同减排目标下的福利效应。在人口配额原则下，随着碳强度目标约束的增强，各省份的福利呈现出不同的变化特征，大致可以分为四类：①福利减少省份：包括天津、浙江、福建、广东；②福利增加省份：包括河北、辽宁、黑龙江、山东、河南、广西；③福利先减少后增加省份：包括北京、上海、江苏；④福利先增加后减少省份：包括山西、内蒙古、安徽、江西、湖北、湖南、海南、四川、贵州、云南、山西、甘肃、青海、宁夏、新疆。在历史排放原则下的情况大致也可以分为上述四类：①福利减少省份：包括天津、江苏、福建、湖北、湖南、广东；②福利增加省份：包括河北、辽宁、吉林、安徽、山东、河南、广西、海南、云南、青海；③福利先减少后增加省份：包括山西、内蒙古、黑龙江、贵州、山西、甘肃、宁夏、新疆；④福利先增加后减少省份：包括北京、上海、浙江、江西、四川。之所以出现不同程度和不同方向的复杂变化，源自于强度目标对福利的影响受两种因素作用，一是各区域对市场的依赖程度，即交易量；二是各区域在市场中的交易角色扮演，即充当配额出售者还是购买者。正如前面所证明的，当碳强度约束增强时，这两个因素会呈现出不同的变化和转换，最终导致源自于交易过程的福利效应呈现出多种复杂情况。同样的道理，如果在相同的减排目标下，实行人口配额原则或者历史排放配额原则，各区域的福利变化也没有明确的规律可循，需要根据各区域具体的情况，此处不再赘述。

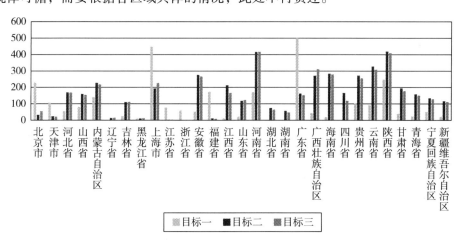

图7-20 基于人口配额原则的区域福利效应比较

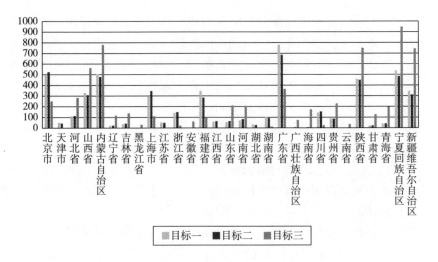

图 7-21 基于历史排放配额原则的区域福利效应比较

第8章 基于非参数法的区域 CO_2 影子价格测度

8.1 基于非参数法的区域 CO_2 影子价格模型

8.1.1 方向性距离函数

方向性距离函数（Direction Distance Function，DDF）是 Shephard 产出距离函数（Chung 等，1970）的一般性形式，也是对径向 DEA 模型的一般化表达。近年来在测算非期望产出的影子价格上得到广泛的应用。其核心要义是：同时观察期望产出和非期望产出的增减变化方向，只有当期望产出达到最大、非期望产出为最小时，决策单元才处于效率的前沿面上。参照 Faré 等（2006）的定义，假定投入 $x \in R^N$，期望产出 $y \in R^U$，非期望产出 $b \in R^V$，则生产技术定义为：

$$p(x) = \{(y, b): x \quad can \quad produce(y, b)\} \tag{8-1}$$

$P(x)$ 给出了在既定条件下，最大产出 y，最小非期望产出 b 的集合，即给出了环境产出的可能前沿边界。$P(x)$ 还必须满足以下性质：

（1）期望产出和非期望产出具备联合生产性。如果 $(y, b) \in P$ 且 $y = 0$，那么 $b = 0$。其说明只要有生产活动就会产生非期望产出，在零污染前提下只能停止生产。

（2）期望产出和非期望产出具备联合弱可处置性。如果 $(y, b) \in P$，$0 \leqslant \theta \leqslant 1$，则 $(\theta y, \theta b) \in P$。其说明同比例减少期望产出与非期望产出是可行的，非期望产出的减少会支付一定的成本，其代价是相应的减少期望产出。

（3）期望产出具有自由处置性。如果 $(y, b) \in P$ 且 $y' \leqslant y$，则 $(y', b) \in P$ (y, b)。其说明减少期望产出的同时可不减少非期望产出。

考虑以上性质后，为了约束期望产出和非期望产出的变动方向和大小，设定方向距离函数的方向向量为 $g = (g_y, -g_b)$ 且 g 不等于 0，其含义是在生产技术 $P(x)$ 下仍追寻最大限度地增加期望产出的同时减少非期望产出。构造方向性环境距离函数如下：

$$D(x_i^t, y_i^t, b_i^t; gy_i^t - gb_i^t) = \max_{\varepsilon,z} \{\varepsilon : (y + \varepsilon gy_i^t, b - \varepsilon gb_i^t) \in P(x_i^t)\}$$

$$s.t.\ P^T(X^T) = \begin{cases} \sum_{i=1}^{I} z_i^t y_{i,u}^t \geqslant y_{i,u}^t, u = 1, \cdots, U; \\ \sum_{i=1}^{I} z_i^t x_{i,n}^t \leqslant x_{i,n}^t, n = 1, \cdots, N; \quad z_i^t \geqslant 0, i = 1, \cdots, I \quad (8-2) \\ \sum_{i=1}^{I} z_i^t b_{i,v}^t = b_{i,v}^t, v = 1, \cdots, V; \end{cases}$$

其中，ε 表示既定决策单元 i 与前沿生产面上最有效决策单元相比可以改进的效率程度。即 $\varepsilon = 0$，表示决策单元属于技术前沿面上，效率值最高。ε 值越大意味着决策单元的效率值越低，表示该决策单元在增加期望产出的同时减少非期望产出的潜力就越大。$(gy_i^t - gb_i^t)$ 是 D 的方向向量，εgy_i^t 和 εgb_i^t 分别表示距离生产前沿面上期望产出 y 和非期望产出 b 的扩张比例，z_i 表示 i 个决策单元观察值的权重，非负权重表示生产技术是在规模报酬不变条件下形成的。

8.1.2 方向性环境生产前沿函数

DDF 模型给出了决策单元 i 与前沿生产面上最有效决策单元相比可以改进的效率程度，因此基于 DDF 模型可以采用单一产出或加总产出的方法构建方向性环境生产前沿函数，对决策单元 I 的前沿产出水平进行标量运算。即定义 t 期决策单元 $i(x_i^t, y_i^t, b_i^t)$ 在参考生产技术 $P^T(X^T)$ 下的方向性生产前沿函数为：

$$F(x_i^t, y_i^t, b_i^t; gy_i^t - gb_i^t) = \max_{\varepsilon,z} (y_i^t + \varepsilon y_i^t)$$

$$\sum_{i=1}^{I} z_i^t y_{i,u}^t \geqslant (1+\varepsilon) y_{i,u}^t, u = 1, \cdots, U; \sum_{i=1}^{I} z_i^t x_{i,n}^t \leqslant x_{i,n}^t, n = 1, \cdots, N;$$

$$\sum_{i=1}^{I} z_i^t b_{i,v}^t = (1-\varepsilon) b_{i,v}^t, v = 1, \cdots, V; z_i^t \geqslant 0, i = 1, \cdots, I \qquad (8-3)$$

方向性生产前沿函数给出了在投入 x、生产技术 $P(x)$、实际期望产出 y、非期望产出 b 及方向向量 g 所对应的前沿产出。$t+1$ 期决策单元 $i(x_i^{t+1}, y_i^{t+1}, b_i^{t+1})$ 在参考生产技术 $P^{t+1}(X^{t+1})$ 下的方向性环境生产前沿函数 $F^{t+1}(x_i^{t+1} y_i^{t+1}, b_i^{t+1})$ 的求解将构建 t 期的算法中将时间标志更改为 $t+1$ 期即可得到。

8.1.3 跨期的方向性环境生产前沿函数

在求影子价格之前，还需在观察给定投入 x 和实际期望产出 y 不变时，非期

望产出 b 变化的方向性生产前沿函数，由此构建了 t 期及 $t+1$ 期两个跨期的方向性生产前沿函数。跨期的方向性生产前沿函数涉及在给定相同时期生产技术和要素投入等因素下，非期望产出的单一变化对方向性生产前沿函数的影响。因此，非期望产出变化的跨期方向性生产前沿函数定义如下：

t 期决策单元 i 在以跨期的 (x^t, y^t, b^{t+1}) 的投入产出水平在参考技术 $P^T(X^T)$ 下的跨期方向性生产前沿函数为：

$$F(x_i^t, y_i^t, b_i^{t+1}; gy_i^t - gb_i^t) = \max_{\varepsilon, z}(y_i^t + \varepsilon y_i^t)$$

$$\sum_{i=1}^{I} z_i^t y_{i,u}^t \geqslant (1+\varepsilon) y_{i,u}^t, u = 1, \cdots, U; \sum_{i=1}^{I} z_i^t x_{i,n}^t \leqslant x_{i,n}^t, n = 1, \cdots, N;$$

$$\sum_{i=1}^{I} z_i^t b_{i,v}^{t+1} = b_{i,v}^{t+1} - \varepsilon b_{i,v}^t, v = 1, \cdots, V; z_i^t \geqslant 0, i = 1, \cdots, I \tag{8-4}$$

其中，$t+1$ 期决策单元 i 在以跨期的 (x^{t+1}, y^{t+1}, b^t) 的投入产出水平在参考技术 $P^{t+1}(X^{t+1})$ 下的跨期方向性生产前沿函数为：

$$F^{t+1}(x_i^{t+1}, y_i^{t+1}, b_i^t; gy_i^{t+1} - gb_i^{t+1}) = \max_{\varepsilon, z}(y_i^{t+1} + \varepsilon y_i^{t+1})$$

$$\sum_{i=1}^{I} z_i^{t+1} y_{i,u}^{t+1} \geqslant (1+\varepsilon) y_{i,u}^{t+1}, u = 1, \cdots, U; \sum_{i=1}^{I} z_i^{t+1} x_{i,n}^{t+1} \leqslant x_{i,n}^{t+1}, n = 1, \cdots, N;$$

$$\sum_{i=1}^{I} z_i^t b_{i,v}^t = b_{i,v}^t - \varepsilon b_{i,v}^{t+1}, v = 1, \cdots, V; z_i^{t+1} \geqslant 0, i = 1, \cdots, I \tag{8-5}$$

8.1.4　非期望产出的边际效应与 CO_2 影子价格

根据生产技术的定义及性质，如图 8-1 所示，方向性生产前沿函数与非期望产出变量 b 之间的关系为：在生产技术 $P^T(X^T)$ 下和方向向量 $g = (y^t, b^t)$ 情况下，若 $b^t \leqslant b^{t+1}$，则 $F^t(y^t, x^t, b^t; y^t, -b^t) \leqslant F^t(y^t, x^t, b^{t+1}; y^t, -b^t)$。同理，在生产技术 $P^{t+1}(X^{t+1})$ 下和方向向量为 $g = (y^{t+1}, b^{t+1})$ 的情况下，若 $b^t \leqslant b^{t+1}$，则 $F^{t+1}(y^{t+1}, x^{t+1}, b^t; y^{t+1}, -b^{t+1}) \leqslant F^{t+1}(y^{t+1}, x^{t+1}, b^{t+1}; y^{t+1}, -b^{t+1})$。其中决策单元 $A(y^{t+1}, b^{t+1})$ 和 $B(y^{t+1}, b^t)$ 的差别，即生产者的前沿产出 $F^{t+1}(y^{t+1}, x^{t+1}, b^{t+1}; y^{t+1}, -b^{t+1})$ 和 $F^{t+1}(y^{t+1}, x^{t+1}, b^t; y^{t+1}, -b^{t+1})$ 的差别在于对应的非期望产出 b 不同，这说明随着 b 的增加前沿产出也会随着增加，而且不同时期 b 的变化使前沿产出的增长速度也不一样。同时可见当 b 越来越大时生产前沿会向右下转折骤减。其经济含义为，在一定时期内非期望产出 b 不断增加排放会带动前沿产出快速增加，但如果放任非期望产出 b 增长，不仅不会促进经济增加而会使前沿产出出现负增长态势。

Chung 等（1997）将包含非期望产出的方向距离函数应用于 Malmquist 模型中，用相邻前沿交叉参比的方法将两个时期的 Malmquist - Luenberger 指数的几何平均值作为被评价决策单元的 Malmquist - Luenberger 指数。*ML* 指数可分解成为

ECH 效率变化和 TECH 技术效率变化。根据 ML 指数分解法的思想及基于非期望产出 b 和方向性生产前沿函数 F 之间的关系，将前沿产出分解为技术效率变化和生产前沿的变化。同样可以运用 ML 指数法中相邻前沿交叉参比的方法，将两个时期在给定相同的参考技术和投入及期望产出水平不变的条件下，非期望产出 b 变化所引起的前沿产出变化的几何平均值作为非期望产出变化对前沿产出的边际效应 PECH：

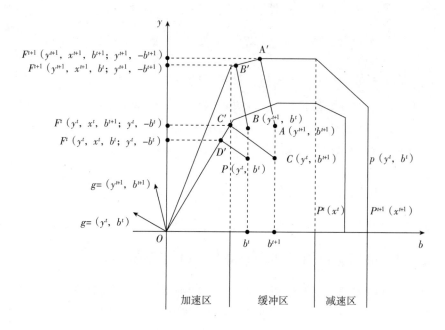

图 8 - 1　非期望产出变化对生产前沿影响的三种类型

$$PECH = \left[\frac{F^t(y^t, x^t, b^{t+1}, y^t, -b^t)}{F^t(y^t, x^t, b^t, y^t, -b^t)} \times \frac{F^{t+1}(y^{t+1}, x^{t+1}, b^{t+1}; y^{t+1}, -b^{t+1})}{F^{t+1}(y^{t+1}, x^{t+1}, b^t; y^{t+1}, -b^{t+1})} \right]^{1/2}$$

(8 - 6)

其中，PECH 值衡量在技术结构 F、要素投入水平 x，以及方向向量 g 等不变的条件下，即保持技术结构、产业结构、要素投入和技术效率等条件不变的情况下非期望产出由 b^t 到 b^{t+1} 导致前沿产出 $F(y, x, b^t; y, -b)$ 到 $F(y, x, b^{t+1}; y, -b)$ 的变化。PECH 值是非期望产出单一变化对前沿产出的边际效应大小。如 PECH 等于 1.15，边际净效应为 15%。经济意义为非期望产出变化对产出的边际贡献较上一年增加 15%；PECH 等于 0.85，边际净效应为 -15%。经济意义为非期望产出变化对产出的边际贡献较上一年减少 15%。CO_2 影子价格是在一定产出水平下，单位 CO_2 排放变化导致前沿产出的变化量。即减排主体每减少一单位二氧化碳排放造成的产量损失就是 CO_2 影子价格。在不同参考技术和投入产出水平下，CO_2 的影子价格不同，其可以衡量减排对产出的影响。$PECH$ 给出了非期望产出 b^t 到 b^{t+1} 对前沿产出的变化比率，将边际产出贡献值与 CO_2 排放变化的量联系起来得到 CO_2 影子价格公式：

$$SP_{CO_2} = \frac{y_{i,t-1} \times (PECH_{i,t} - 1)}{CO_{2i,t} - CO_{2i,t-1}} \tag{8-7}$$

CO_2 影子价格与经济规模和排放水平有关。从减排角度来说，决策单元碳排放减少时所导致的产出减少越少越好，此时影子价格较低表示决策单元减排对生产产出影响较低。反之，碳排放增加时，所导致的产出增加越大越好，此时影子价格越高代表碳排放增加所带来的效益越好。这表明，CO_2 影子价格取决于产出边际贡献和碳排放规模。与传统单位 GDP 碳排放量的评价方法相比，CO_2 影子价格剥离了众多影响产出的因素，将碳排放的变化量导致前沿产出的变化联系起来，更具有实际意义。

另外，实际碳排放与产出之间的关系变化是有规律的。根据图 8-1 中非期望产出与方向性生产前沿函数的关系，以及 CO_2 影子价格的变化特点，碳排放与产出之间的关系可以总结为加速区、缓冲区、减速区三个不同梯度阶段：

（1）加速区，典型特征是低排放水平下较小的排放增长能促使较大的经济增长。同时影子价格较高，表明此时减少排放会导致经济大幅缩减，所以减排成本相对较高，应当暂缓排放管制从而以鼓励经济发展为主；

（2）缓冲区，其典型特征为排放大幅增加只带来了经济的缓慢增长，影子价格开始变小，减排成本逐渐降低，这意味着应当进行排放管制，以较小的经济代价换取碳排放的大幅减少，与此同时如果仍追求通过增加排放获取经济增长，其环境代价是巨大的；

（3）减速区，其特征是碳排放仍在高速增长，但经济产出反而减少，碳排放大幅减少后产出反而增加。这是因为高耗能低效率的企业碳排放增加已经不能带动经济增长，如果强化环境管制的实施，对高耗能低效率的企业进行关停处理，淘汰落后的生产设备后，原材料价格降低，实际产出反而会增加，减排代价进一步降低。此时，应采取优化产业结构和能源消费结构等措施，促进有效减排，实现经济、环境的可持续增长。

8.2　区域 CO_2 影子价格估算

中国政府于 2009 年提出了到 2020 年二氧化碳排放强度在 2005 年的基础上

降低40%~45%的自愿减排目标。然而，全国各省市地区在经济发展水平、资源禀赋、能源消耗结构等众多层面上存在较大的差异，强制式的减排政策是不符合实际情况的。例如西部地区经济发展落后，且在减排技术能力和生产力水平等上远不如东部地区，因此减排的经济损失非常大。在本研究中，在保持技术和产业结构、要素投入和环境技术效率等条件不变的情况下，构建二氧化碳排放变化对前沿产出影响的边际净效应指数 PECH，并据此衡量二氧化碳排放的影子价格，能够科学地衡量各省市地区不同时期的二氧化碳排放变化对产出的影响。

8.2.1 数据来源说明

利用 2005~2015 年中国大陆 29 个省份的"两投入、两产出"数据为研究样本，"两投入"为资本存量和劳动力，"两产出"为 GDP 和 CO_2 排放量，其中 CO_2 为非期望产出。由于西藏和重庆的相关数据缺失较多因而未包括在内。

各变量描述性统计如表 8 - 1 所示，说明如下：

表 8 - 1　变量统计性描述

变量	样本数	平均值	最大值	最小值	标准差
实际 GDP（亿元）	319	11028.31	53684.55	465.52	9631.32
碳排放量（万吨）	319	37321.42	137726.65	1639.56	25875.50
资本存量（亿元）	319	26707.78	120183.34	1464.21	22147.07
劳动力（万人）	319	2607.75	6636	291.04	1733.77

（1）资本存量。利用永续盘存法以采用单豪杰（2008）2000 年为基期估算的每年实际资本存量，单位为亿元。公式为 $K_t = I_t + (1 - \delta_t)K_{t-1}$。其中 K_t 为第 t 年的资本存量，K_{t-1} 为 $t-1$ 年的资本存量，δ 为资本折旧率（10.96%），I_t 为 t 年的投资。

（2）劳动力。数据来源于《中国统计年鉴（2016）》中各省全社会从业人员数，单位为万人。

（3）GDP。地区生产总值仍以 2000 年为基期进行折算的实际国内生产总值，数据同样来源于《中国统计年鉴（2016）》，单位为亿元。

（4）CO_2 排放量。CO_2 排放主要来源于化石能源消费及其转化，采用 IPCC 碳排放计算指南公布的碳排放计算公式对我国各省 CO_2 排放量进行测算，单位为万吨。公式为 $b = \sum E \times CF \times CC \times 44/12$。2005~2015 年 29 个省份 8 种能源的消费量 E 数据来源于《中国能源统计年鉴（2016）》，CF 为折标准煤系数来自于《能源统计报表制度（2010）》、CC 为碳排放系数来自《IPCC 国家温室气体清单指南》，44/12 表示将碳原子质量转化为二氧化碳质量的转换系数。以上所包含的各能源品的折标准煤系数和碳排放系数如表 8 - 2 所示。

表 8 - 2 各种能源折标准煤及碳排放参考系数

种类	折标准煤系数	碳排放系数	种类	折标准煤系数	碳排放系数
原煤	0.7143	0.7559	柴油	1.4571	0.5921
焦炭	0.9713	0.855	煤油	1.4714	0.5741
原油	1.4286	0.5857	天然气	1.33	0.4483
汽油	1.4714	0.5535	燃料油	1.4286	0.6185

8.2.2 实证结果与分析

8.2.2.1 二氧化碳排放变化的产出效应

表 8 - 3 给出了中国二氧化碳排放的产出效应与影子价格。可以看出，无论是碳排放量增加或减少，GDP 都保持着较高的增长率。PECH 指数给出了在保持技术和产业结构、要素投入和环境技术效率等条件不变的情况下二氧化碳排放变化对前沿产出的边际净效应，能够反映碳排放增加或减少给经济带来的实际效果。

表 8 - 3 中国二氧化碳排放的产出效应与影子价格

年份	CO_2 排放量（万吨）	CO_2 排放增长率（%）	GDP（亿元）	边际效应（PECH - 1）	绝对效应（亿元）	CO_2 排放变化量（万吨）	CO_2 影子价格（元/吨）
2006	866692.1	8.98	193007.3	1.05	1839.90	71410.04	257.65
2007	940695	8.54	221192.8	1.17	2258.19	74002.97	305.15
2008	979760	4.15	247558.4	0.16	353.91	39064.99	90.59
2009	1030182	5.15	276256.2	0.01	24.76	50422.75	4.91
2010	1109752	7.72	312290.4	-0.77	-2127.17	79569.87	-267.33
2011	1212261	9.24	348745.5	-1.24	-3872.40	102509.1	-377.76
2012	1242648	2.51	384264.1	-1.2	-4184.95	30386.77	-1377.23
2013	1236986	-0.46	420288.6	-0.56	-2151.88	-5661.76	3800.72
2014	1248728	0.95	454652.7	-0.3	-1260.87	11742.15	-1073.79
2015	1242544	-0.50	489726.6	-0.23	-1045.70	-6184.87	1690.74

2006～2008 年二氧化碳排放增长率分别为 8.98%、8.54% 和 4.15%，碳排放的边际产出效应明显，分别为 1.05%、1.17% 和 0.16%。这说明在 2006～2008 年二氧化碳排放增加能够带来较好的经济提升作用，碳排放对产出的累计贡献（绝对效应）达到 4452 亿元。2009 年较上一年碳排放增加 5.15%，其边际产出效应开始放缓仅为 0.01%。2010～2012 年碳排放仍旧保持较高的增速，但碳排放的边际产出效应却出现了下滑。2010～2011 年碳排放增长率达历史增速最高值，分别为 7.72% 和 9.24%，但是其边际产出效应却分别为 -0.77% 和 -1.24%。2012 年碳排放增速有所放缓为 2.51%，但同样其边际产出效应为 -1.2%。从数据中可以发现，2010～2012 年碳排放保持的较高速度增长，但其增加已经不能给经济带来利好的局面，反而累计造成 GDP 直接损失 10184.52 亿元。2013 年和 2015 年碳排放增长率较上一年分别回落 0.46% 和 0.5%，但就排放规模而言还是维持在较高的水平，2013～2015 年边际产出效应分别为 -0.56%、-0.3% 和 -0.63%。进一步分析，发现 2006～2015 年由碳排放增加带来的产出绝对效应累计为 -6968.63 亿元，增加碳排放似乎已不能为经济增长助力。但需要注意的是，碳排放效应的累计存在年度之间产出正负变化的相互抵消，因而在一定程度上弱化了其可能存在的影响。

8.2.2.2 二氧化碳排放的影子价格

表 8-3 同时给出了中国 2006～2015 年 CO_2 的影子价格，数据显示：2006～2008 年排放量的快速增长带来一定的产出增长，此时影子价格分别维持在 257.65 元/吨、305.15 元/吨和 90.59 元/吨。2009 年碳排放的增长所带动边际产出效应开始减弱，此时影子价格偏小，仅为 4.91 元/吨。这表明碳排放的增长所带来的经济收益开始减少，且环境代价开始增大。2010～2012 年碳排放依旧维持较高水平的增长，但与此同时影子价格皆为负值，分别为 -267.33 元/吨、-377.76 元/吨和 -1377.23 元/吨。2014 年排放小幅增加但其影子价格仍旧为 -1073.79 元/吨。出现负值的原因是排放的快速增加，政府进行排放管制后治理成本和原材料价格上涨对最终的经济增长进行了挤压甚至下降，由此碳排放的增加导致边际产出就可能出现负值。2013～2015 年数据有所波动。2013 年和 2015 年碳排放较上一年分别减少 5661.76 吨和 6184.87 吨，其边际产出效应相应分别为 0.56% 和 0.23%，此时 2013 年的影子价格为历史最高值 3800.72 元/吨，2015 年则为 1690.74 元/吨。这表明减排所带来的经济代价较高。

综上分析，就总体而言全国 2006～2015 年二氧化碳排放的产出效应和影子价格并未完全体现减排由"加速区"向"缓冲区"转变最终到达"减速区"的明显过程。但因为简单的算术平均的原因，正负效应相互抵消在一定程度上弱化了碳排放变化的边际产出效应，同时也弱化了实际各省市地区的碳排放的影子价格。为此，我们将中国各地区碳排放影子价格特征进行了区域划分和归类分析。

8.2.2.3　三类梯度区域影子价格变化及特点

计算中国各省市在 2006～2015 年二氧化碳影子价格均值，并根据其数据特征划分为三个梯度区域，分别为加速区、缓冲区和减速区，结果如表 8 - 4 所示。处于加速区的省份包括福建、北京、浙江、四川、海南、广西、青海、江西和江苏；处于缓冲区的省份包括宁夏、山西、内蒙古、吉林、河南；处于减速区的省份包括河北、天津、陕西、辽宁、上海、山东、黑龙江、安徽、贵州、甘肃、广东、湖南、湖北、云南和新疆等。各区域影子价格的梯度划分，为探索各地区碳减排的代价和减排潜力，制定区域减排环境政策提供了参考。

表 8 - 4　中国碳排放影子价格特征区域划分

所属区域	省份	CO_2 排放量（万吨）	GDP（亿元）	边际效应（PECH - 1）	绝对效应（亿元）	CO_2 排放变化量（万吨）	CO_2 影子价格（元/吨）
加速区	福建	22386.91	12312.83	2.95%	363.28	1447.37	2509.93
	北京	13125.70	9493.01	0.04%	3.64	16.56	2197.74
	浙江	41862.09	19937.75	1.55%	308.80	1494.13	2066.73
	四川	33344.96	13254.28	2.23%	295.52	1492.38	1980.16
	海南	5282.80	1609.41	5.06%	81.48	596.08	1366.87
	广西	17971.94	6842.05	2.24%	153.50	1185.21	1295.10
	青海	4651.11	895.96	4.06%	36.39	326.79	1113.53
	江西	17613.19	6672.41	1.66%	110.57	1048.63	1054.40
	江苏	69942.19	30237.61	- 1.01%	- 305.51	- 3735.02	817.96
缓冲区	宁夏	14665.58	932.04	5.14%	47.88	1411.05	339.32
	山西	72650.81	5954.51	1.20%	71.71	2503.65	286.42
	内蒙古	62772.24	7652.69	1.82%	139.42	4906.91	284.14
	吉林	25084.26	6610.61	0.21%	14.01	709.69	197.45
	河南	59833.10	16309.27	0.23%	37.18	2084.29	178.38
减速区	河北	82360.48	15203.23	- 2.01%	- 306.13	3161.80	- 968.22
	天津	17790.38	7296.63	- 0.62%	- 45.23	760.17	- 594.96
	陕西	35500.01	6457.59	- 0.29%	- 18.49	3174.90	- 58.24
	辽宁	66564.96	15187.13	- 1.66%	- 252.48	2038.37	- 1238.62
	上海	26503.18	14167.19	- 2.57%	- 363.85	380.54	- 9561.49
	山东	108151.08	29152.18	- 1.66%	- 482.91	6507.36	- 742.10
	黑龙江	33934.43	9340.21	- 1.36%	- 126.64	1170.73	- 1081.75

所属区域	省份	CO_2 排放量（万吨）	GDP（亿元）	边际效应（PECH－1）	绝对效应（亿元）	CO_2 排放变化量（万吨）	CO_2 影子价格（元/吨）
减速区	安徽	31985.43	9398.46	－1.72%	－161.46	2036.55	－792.80
	贵州	25404.71	3250.61	－4.34%	－140.96	1009.22	－1396.75
	甘肃	18256.54	3157.30	－3.27%	－103.10	804.05	－1282.32
	广东	55816.50	36071.25	－0.55%	－196.80	2366.86	－831.49
	湖南	29721.31	11415.35	－0.48%	－54.54	945.30	－576.99
	湖北	34505.46	11369.29	－0.87%	－98.56	1196.28	－823.89
	云南	23106.94	5758.98	－1.84%	－105.82	269.85	－3921.28
	新疆	31533.09	3881.35	－9.34%	－362.48	3449.64	－1050.77

8.3 典型案例研究

8.3.1 "加速区"典型案例

加速区的典型特征是较小的排放增长能带来较大的产出增长，故而影子价格较高。福建、北京、浙江、四川、海南、广西、青海、江西和江苏9省市的共同特征是碳排放持续大幅增加（减少）的同时所带来的边际产出效应显著，影子价格相对较高。江苏省是我国碳排放大省，2006~2015年年均减少排放3735.02万吨，年均影子价格为817.96元/吨。这说明近年江苏省碳排放管制政策产生了良好的环境效益，但与此同时也付出了高昂的经济代价，表8－5给出了江苏省2006~2015年碳排放与产出变化的详细数据。

表8－5 "加速区"案例——江苏省二氧化碳排放的产出效应与影子价格

年份	CO_2 排放量（万吨）	CO_2 排放增长率（%）	GDP（亿元）	边际效应（PECH－1）	绝对效应（亿元）	CO_2 排放变化量（万吨）	CO_2 影子价格（元/吨）
2006	83458.77	－3.46	18064.84	－1.03%	－161.71	－2992.29	540.41
2007	84010.25	0.66	20756.5	－0.93%	－168.17	551.48	－3049.51
2008	82145.22	－2.22	23392.57	－0.43%	－89.83	－1865.03	481.63

续表

年份	CO_2排放量（万吨）	CO_2排放增长率（%）	GDP（亿元）	边际效应（PECH－1）	绝对效应（亿元）	CO_2排放变化量（万吨）	CO_2影子价格（元/吨）
2009	80467.65	－2.04	26293.25	－0.74%	－174.2	－1677.57	1038.41
2010	69771.92	－13.29	29632.49	－2.16%	－569.23	－10695.7	532.2
2011	62489.62	－10.44	32892.07	－3.12%	－924.3	－7282.3	1269.24
2012	59777.44	－4.34	36214.17	－0.46%	－152.61	－2712.18	562.67
2013	57934.871	－3.08	39690.73	－0.49%	－177.96	－1842.57	965.81
2014	53756.44	－7.21	43143.81	0.15%	58.25	－4178.43	－139.4
2015	49100.85	－8.66	46811.04	－0.87%	－377.07	－4655.59	809.94

　　江苏省作为我国的经济大省也是碳排放大省，经济发展及技术水平较高，资源配置能力较强。2006～2015 年，除了 2007 年和 2014 年影子价格表现为负值之外，其余年份影子价格都保持在较高的水平。2006 年江苏省较上年减少碳排放 3.46%，造成经济损失 1.03%，影子价格高达 540.41 元/吨。2008～2015 年分别较上年减少排放 2.22%、2.04%、13.29%、10.44%、4.34%、3.08%、7.21%、8.66%。持续的强制减排对产出形成较强冲击，致使相应年份产出下降幅度分别达到 －0.93%、－0.43%、－0.74%、－2.16%、－3.12%、－0.46%、－0.49%、0.15% 和 －0.87%。影子价格分别达到 481.63 元/吨、1038.41 元/吨、532.2 元/吨、1269.24 元/吨、562.67 元/吨、965.81 元/吨和 809.94 元/吨。这说明江苏省碳排放增加对经济增长仍有较强的带动能力，随着减排行动的开展，减排目标的实现付出了较高的经济代价。对于这类地区在坚持环境保护的同时，应当进一步加快产业结构调整和技术更新，努力降低减排成本。

8.3.2　"缓冲区"典型案例

　　缓冲区其典型特征为碳排放大幅增加只带来了经济的缓慢增长，故而影子价格较低，减排所带来的经济代价相对较低。2006～2015 年宁夏、山西、内蒙古、吉林、河南五省的碳排放均有较大幅度增加，而其对产出的贡献则普遍偏弱。其中宁夏年均碳排放增长 1411.05 万吨，却仅带来年均 47.88 亿元的经济产值。表 8-6 给出了宁夏碳排放与经济增长的详细数据。

　　2006 年宁夏碳排放 8315.5 万吨带动边际产出净效应 4.56% 的增加，边际贡献值仅 22.69 亿元，CO_2 影子价格为 311.78 元/吨。2007～2010 年碳排放分别大幅增加 13.09%、10.60%、10.00% 和 18.31%，而四年累计边际贡献值仅为

165.28 亿元，影子价格分别为 315.85 元/吨、318.48 元/吨、323.87 元/吨、312.58 元/吨。2011 年碳排放增幅达到历史最大的 33.28%，与此同时边际贡献率也达到最大值 13.5%，而产出贡献值也仅为 124.50 亿元，影子价格进一步下降到 276.38 元/吨。2012~2015 年碳排放增幅有所放缓但仍保持增长，边际产出贡献仍旧维持较高的水平分别为 3.34%、2.88%、0.91%、1.72%，4 年内年累计边际贡献值为 100.55 亿元，影子价格分别为 256.17 元/吨、266.44 元/吨、291.5 元/吨、313.39 元/吨。相对较低的影子价格意味着，宁夏追求经济增长的环境代价开始增加，碳排放的增加并不能带动经济的快速增长。此时进行排放管制，可以通过一定的产出损失换来碳排放的较大减少。如在治理过程中仍要保证经济增长，这就要求转变发展方式，进一步学习先进地区的生产技术和治理能力，提高能源利用率，减少化石能源消费量，可以通过扶持第三产业发展的方式以贡献经济从而达到减排目的。

表 8-6　"缓冲区"案例——宁夏回族自治区二氧化碳排放的产出效应与影子价格

年份	CO_2 排放量（万吨）	CO_2 排放增长率（%）	GDP（亿元）	边际效应（PECH-1）	绝对效应（亿元）	CO_2 排放变化量（万吨）	CO_2 影子价格（元/吨）
2006	8315.5	9.59	559.67	4.56%	22.69	727.78	311.78
2007	9403.94	13.09	630.75	6.14%	34.38	1088.43	315.85
2008	10401.07	10.60	710.22	5.03%	31.76	997.13	318.48
2009	11440.79	10.00	794.74	4.74%	33.67	1039.72	323.87
2010	13535.23	18.31	902.03	8.24%	65.47	2094.45	312.58
2011	18039.66	33.28	1011.18	13.80%	124.5	4504.43	276.38
2012	19357.09	7.30	1127.46	3.34%	33.75	1317.43	256.17
2013	20577.65	6.31	1237.95	2.88%	32.52	1220.57	266.44
2014	20964.46	1.88	1336.99	0.91%	11.28	386.81	291.5
2015	21698.26	3.50	1443.95	1.72%	23	733.79	313.39

8.3.3 "减速区"典型案例

"减速区"的典型特征是经济发展水平和碳排放规模较大，大幅的碳排放增长并没有带来边际贡献率的增加，影子价格为负值，表明此区域面临的环境及排放问题较严重。河北、天津、陕西、辽宁、上海、山东、黑龙江、安徽、贵州、甘肃、广东、湖南、湖北、云南、新疆 15 个省市基本都属于这种情况。表 8-7

给出了河北省碳排放和经济增长的详细数据。

表 8–7 "减速区"案例——河北省二氧化碳排放的产出效应与影子价格

年份	CO_2 排放量 (万吨)	CO_2 排放增长率 (%)	GDP (亿元)	边际效应 (PECH–1)	绝对效应 (亿元)	CO_2 排放变化量 (万吨)	CO_2 影子价格 (元/吨)
2006	64673.65	13.20	9719.17	–1.62%	–139.41	4771.85	–292.15
2007	70532.43	12.80	10963.23	–2.22%	–215.94	5858.78	–368.57
2008	73726.18	10.10	12070.51	–1.45%	–158.94	3193.75	–497.67
2009	78634.33	10.00	13277.57	–3.25%	–392.17	4908.15	–799.02
2010	84639.21	12.20	14897.43	–4.84%	–642.05	6004.88	–1069.21
2011	95719.12	11.30	16580.84	–9.72%	–1447.84	11079.91	–1306.72
2012	97056.23	9.60	18172.6	–1.09%	–181.11	1337.11	–1354.48
2013	97162.11	8.20	19662.75	–0.08%	–14.19	105.88	–1339.73
2014	92400.38	6.50	20940.83	3.45%	678.17	–4761.74	–1424.2
2015	91519.79	6.80	22364.81	0.68%	143.22	–880.58	–1626.43

河北是中国的碳排放大省,2006~2011 年二氧化碳年均排放量达到 84606 万吨,排放增长率高达 10.07%。如此大的排放规模和如此快的增长速度,带来的边际产出净效应却是负增长。2006~2013 年河北省碳排放累计增长 37260.31 万吨,但碳高排放不仅没有推动高增长,反而变成了增长的障碍,8 年间产出累计损失 3191.65 亿元。值得注意的是 2014 年和 2015 年,河北省通过强化环境管制措施,两年分别减少碳排放 4761.74 万吨和 880.58 万吨,经济产出反而分别由此增加了 678.17 亿元和 143.22 亿元,并表现出"减速区"的典型特征。由此带来的启示是,"减速区"各省在碳排放已经不能驱动经济显著增长的情况下,应当实行对高耗能行业等进行关停、改造等较为严格的排放治理政策,加大环境治理力度。除此之外还需要加大产业结构调整力度和环境治理技术创新,增加新能源消费的比重,保证进一步减少碳排放的同时能够使经济得到增长。

第9章 基于一般均衡法的区域间 碳交易情景模拟与福利效应测度

为了加快推进绿色低碳发展，我国于 2016 年提出"十三五"低碳发展目标：到 2020 年碳强度相对于 2015 年下降 18%。本章以该减排目标为背景，考察多种交易情景下的全国碳交易市场福利状况，研究不同分配方案下可能出现的不平衡发展问题，为碳交易市场福利效应研究提供有效补充。

9.1 基于一般均衡法的区域边际减排成本模型

在建立全国碳排放权交易市场模型之前，我们首先要考虑如何求得各省（市）的边际减排成本曲线（MAC）。这里我们运用第 6 章构建的计及低碳政策的递归动态 CGE 模型以及 2012 年的全国投入产出表，首先假设多种不同减排率约束，求得相应的全国边际减排成本值，并据此拟合得出全国的 MAC 曲线。之后，根据各省（市）初始的碳强度值运用平移转换法对全国的边际减排成本曲线进行分解，得出各省（市）MAC 曲线。

9.1.1 全国 MAC 曲线

目前，研究界关于如何选择 MAC 曲线函数形式的问题看法不一。大致可以划分为以下四种：①二次函数形式；②对数函数形式；③幂函数形式；④指数函数形式。

本章在进行全国 MAC 曲线拟合时选择著名经济学家 Nordhaus（1991）提出的对数函数形式：

$$MAC(R) = \alpha + \beta(1 - R) \tag{9-1}$$

其中，$MAC(R)$ 代表在减排率为 R 时的边际减排成本。

9.1.2 全国 MAC 曲线的省域分解

将全国 MAC 曲线进行分解得到各省（市）MAC 曲线的理论基础在于：全国 MAC 曲线是由各省（市）MAC 曲线组合而成的。各省（市）因其技术水平等因素的差异，其 MAC 曲线作为一部分位于全国 MAC 曲线的不同位置。因此，在得出全国 MAC 曲线之后，只需衡量各省（市）技术水平等因素的差异，就可将全国的 MAC 曲线进行平移变换得出各省（市）MAC 曲线。这里，我们使用碳强度作为衡量区域间碳减排技术水平差异的指标。

如图 9 – 1 所示，曲线代表全国的 MAC，原点代表全国的平均技术水平下的边际减排成本。各省（市）因其技术水平差异，从而拥有不同的碳强度，进而位于全国 MAC 曲线的不同位置。技术水平高于全国平均水平的省份，其碳强度较低，位于原点的右侧；反之，则位于原点左侧。参照 Okada（2007）和李陶等（2010）的思路，对于技术水平低于（或高于）全国的省份，即碳强度高于（或低于）全国平均水平的 l 省份，R_h^0 的横坐标为 $r_h(r_h < 0$ 或 $r_h > 0)$，满足 $\overline{e}(1 - r_h) = e_h$ 由此可得：

$$r_h = 1 - e_h/\overline{e} \tag{9 - 2}$$

同时，容易证得对于 i 省份，减排率为 R_i 时其边际减排成本为：

$$MAC_i = MAC(R_i + r_i) - MAC(r_i) = \beta\ln(1 - R_i/1 - r_i) \tag{9 - 3}$$

写成减排量的形式为：

$$MAC_i = \beta\ln\left(1 - \frac{A_i}{E_i(1 - r_i)}\right) \tag{9 - 4}$$

其中，A_i 代表 i 省的减排量，E_i 代表该省（市）的碳强度。

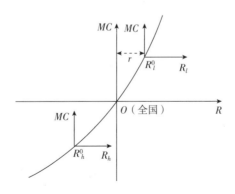

图 9 – 1 全国边际减排成本曲线分解示意图

可以看出，对于技术水平较高的省（市），其进一步提升技术水平的难度更大，因而位于全国 MAC 曲线的位置更为陡峭，其边际减排成本上升的速度更快。

9.1.3　碳交易市场模拟与福利效应测度

在得出各省（市）MAC 曲线的基础上，联立求解可计算得出碳交易市场的均衡价格和均衡减排量。将此时的均衡减排量与初始配额约束下的减排量相比较，前者大于后者的省份意味着有能力在当前市场均衡价格下通过出售排放配额获取收入；反之，前者小于后者的省份意味着其实际减排能力较低，自主实现减排目标的成本较高，因此选择从碳交易市场购买排放配额，从而以较少的开支满足减排约束。

单个减排主体在既定减排量 A_i 下的减排成本可以用积分进行测量：

$$TC_i(A_i) = \int_0^{A_i} \left[\beta\ln\left(1 - \frac{\alpha}{E_i(1 - r_i)}\right) \right] da$$

$$= -\beta\left[E_i(1 - r_i) - A_i\right]\ln\left(1 - \frac{A_i}{E_i(1 - r_i)}\right) - \beta A_i \qquad (9-5)$$

其中，A_i 代表第 i 个省份的减排量。

利用边际减排成本曲线可以对碳交易市场参与者的福利状况进行分析。如图 9-2 所示，代表两个减排主体参与市场交易后各自的福利情况。P_1、P_2 代表参与市场交易前各自的边际减排成本，P^* 代表二者参与市场交易后的市场均衡价格。开展碳交易后，参与者 1 独自减排至 Q_3，剩余 $Q_1 - Q_3$ 部分通过从碳交易市场购买排放权获得。其中阴影部分代表参与者 1 的成本节约量，即参与者 1 的福利大小。同理可得，参与者 2 独自减排至减排配额 Q_2 时会发现此时的市场价格高于自己的边际减排成本，能够通过出售排放权获取收入。因此，参与者 2 进一步减排至 Q_4，此时市场达到均衡状态。$Q_4 - Q_2$ 的阴影部分代表市场参与者 2 的额外收入，即参与者 2 的福利大小。需要指出的是，当达到市场均衡状态时，市场参与者 1 对减排配额的需求总是等于市场参与者 2 所供给的减排配额，即 $Q_1 - Q_3 = Q_4 - Q_2$。

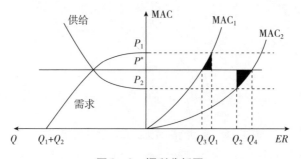

图 9-2　福利分析图

9.2　区域边际减排成本测算

9.2.1　数据来源与处理

2020 年我国二氧化碳的目标排放额由 2015 年的碳强度减少 18%，乘以 2020 年 GDP 预测值得出。2019 年和 2020 年 GDP 预测值由以 2012 年价格水平计算的 2018 年我国实际 GDP 分别乘以 6.3% 和 6.2% 的 GDP 增速得出，其中 GDP 增速估计值来源于世界银行（2018）。此外，由于缺乏有关西藏自治区的统计数据，在计算 GDP 与二氧化碳排放量时，我们没有考虑西藏的影响。

有关各省（市）GDP 的数据来源于《中国统计年鉴（2016）》，实际 GDP 计算基期为 2012 年；有关能源消费量的数据来源于《中国能源统计年鉴（2016）》；2005～2015 年一次能源排放因子来源于 IPCC 报告；2005～2015 年的各省（市）碳排放数据根据 IPCC 计算方法得出。

9.2.2　全国 MAC 曲线求解

我们将减排率作为外生政策冲击带入 CGE 模型，得出不同减排率下的全国边际减排成本，如表 9-1 所示。利用对数函数进行最小二乘法拟合，得出 MAC 曲线方程：

$$MAC(R) = -42.12 - 1906.16\ln(1 - R) \tag{9-6}$$

对比李陶（2010）和崔连标（2013）等的研究，可以发现本研究中 MAC 曲线更为陡峭。这主要是由于李陶等的研究时间相对较早，随着中国持续的减排努力，减排的空间越来越小，难度进一步加大。这一点在表 9-1 中也有非常直观的体现，随着减排率的提高，边际减排成本呈持续、快速增加的趋势。

表 9-1　全国边际减排成本

减排率（%）	边际减排成本（元/吨）	减排率（%）	边际减排成本（元/吨）
1	4.61	25	170.98
5	24.42	35	294.98
15	85.70	45	517.98

9.2.3 区域 MAC 曲线求解

利用公式（9-3）分解得到的各省（市）的 MAC 曲线，如图 9-3 所示。可以发现，所有省（市）边际减排成本曲线向右上方倾斜，意味着随着减排率上升，各省市边际减排成本也呈上升趋势。宁夏、新疆、山西等省（市）的 MAC 曲线相对比较平坦，这是由于其技术水平较低，碳强度高于全国平均水平，因而 $r_l < 0$ 且位于图 9-1 中的第三象限，此时全国的 MAC 曲线较为平缓，成本变化较小。与此相对应，北京、湖北、江苏等省（市）的 MAC 曲线非常陡峭，则是因其碳强度远低于全国平均水平，$r_l > 0$ 位于第一象限造成的。

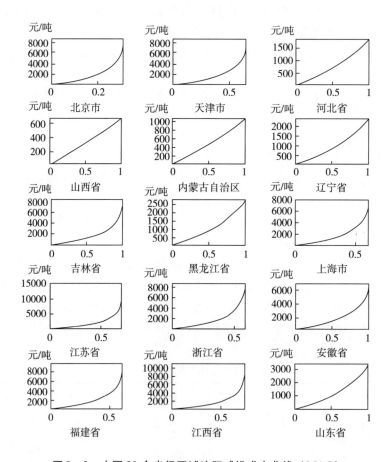

图 9-3 中国 30 个省级区域边际减排成本曲线（MAC）

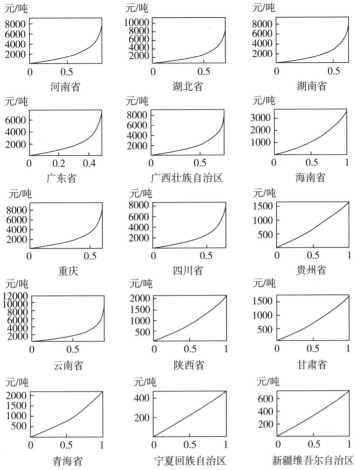

图 9 - 3 中国 30 个省级区域边际减排成本曲线（MAC）（续）

9.3 交易情景模拟与福利效应测度

9.3.1 区域间碳交易情景设计

（1）配额减排量目标。中国提出"十三五"节能减排目标，到 2020 年碳排放强度相对于 2015 年下降 18%。由于 2015 年全国平均碳强度为 1.83 吨/万元，意味着到 2020 年全国平均碳强度需下降到 1.50 吨/万元，以其差额与 2020 年 GDP 预期值的乘积得出未来 2020 年的配额减排量大约为 28.22 亿吨 CO_2，年均减排量 5. 655 亿吨 CO_2。

（2）配额分配准则。基于"十三五"减排目标计算得出的总配额减排量，分别以 2015 年各省市 GDP 占比、初始 CO_2 排放量占比和年末人口数占比三种原则在 30 个省级区域间进行初始配额减排量的分配。表 9 – 2 对三种模拟情景进行了定义。

表 9 – 2　情景设计

三种情景	情景介绍
情景一	减排目标：2020 年比 2015 年碳强度下降 18% 初始配额分配原则：根据历史排放量占比分配
情景二	减排目标：2020 年碳强度比 2015 年下降 18% 初始配额分配原则：根据人口数量占比分配
情景三	减排目标：2020 年碳强度比 2015 年下降 18% 初始配额分配原则：根据 GDP 占比分配

（3）市场出清。假定在均衡市场价格下，既没有超额需求也没有超额供给，则供需平衡。

（4）免费配额。假设所有交易参与方获取碳排放配额均不需要成本。

（5）技术水平保持不变。假定若政府不施加行政压力，企业没有直接的减排动力，因而其减排技术水平会在观察期内保持相对稳定的水平。

9.3.2　碳交易均衡模拟

9.3.2.1　均衡价格、均衡交易量及福利总量

表 9 – 3 给出了三种交易情景下的均衡价格、均衡交易量及福利总量。结果显示，三种交易情景下的均衡价格相同，这与之前的理论分析结果相同，在减排目标确定的情况下，配额分配方案不会影响最终的均衡价格。但是，分配方案对交易量产生了显著影响，按照交易量排序人口数占比方案 > GDP 占比方案 > 历史排放量占比方案。从福利总量上看，三种不同方案的排序表现为与交易量排序相同的特征，即人口数占比方案 > GDP 占比方案 > 历史排放量占比方案。

表 9 – 3　三种情景下均衡价格和均衡交易量模拟结果

情景	情景 1	情景 2	情景 3
均衡价格（元/吨）	58. 54	58. 54	58. 54
均衡交易量（万吨）	21700	271400	269400
福利总量（亿元）	66. 1	8027. 15	7030. 5

9.3.2.2　区域均衡交易量

图 9-4 描述了在 2020 年比 2015 年碳强度下降 18% 的减排目标下,中国 30 个省份作为市场交易主体,根据均衡价格及自身边际减排成本选择的最优 CO_2 排放量与根据历史排放量占比分配到的初始配额之差,即区域碳交易量。图中的正值说明部分省份的最终 CO_2 排放量大于初始配额,这意味着这些省份将会成为碳交易市场上的配额购买者。按照购买量从大到小排序,分别是江苏、广东、浙江、河南、山东、湖北、湖南、四川、上海、福建、天津、安徽、江西、北京、广西、重庆、吉林、云南、黑龙江、海南等 20 个省份。相反地,有 8 个省份数值为负,表明这些区域 CO_2 实际排放量小于初始配额,成为碳交易市场的配额出售者。根据配额出售量由大到小对各省排序,分别是山西、新疆、内蒙古、宁夏、河北、贵州、甘肃、山西。另外,辽宁和青海数值接近于 0,意味着这两个省份将主要采取省内自主减排方式,不参与碳市场交易。

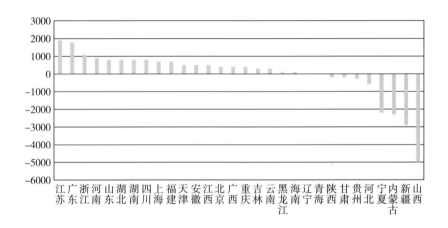

图 9-4　区域碳交易量——情景一

图 9-5 给出了情景二下各省市的碳市场均衡交易量。可以看到购买配额的省份按照交易量由大到小排序分别是内蒙古、山东、山西、辽宁、新疆、河北、陕西、宁夏、江苏、天津、上海、黑龙江、吉林、青海等 14 个省份;出售配额的省份按照从大到小的排序分别是四川、广东、湖南、河南、云南、广西、江西、湖北、安徽、重庆、北京、福建、广州、甘肃和海南。

图 9-6 给出的是情景三下各省市的配额交易量。其中,购买配额的省份有 14 个,按照由大到小的顺序分别是山西、内蒙古、河北、新疆、山东、辽宁、陕西、宁夏、贵州、黑龙江、甘肃、青海、海南、吉林。出售配额的省份有 16 个,按照交易量由大到小排序分别是广东、江苏、浙江、北京、湖南、福建、四

川、上海、湖北、重庆、天津、江西、广西、云南、河南等。

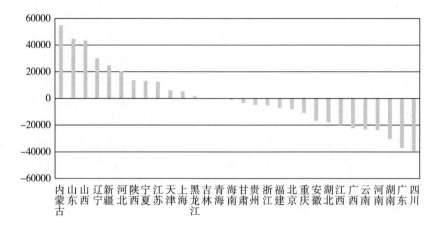

图9-5　区域碳交易量——情景二

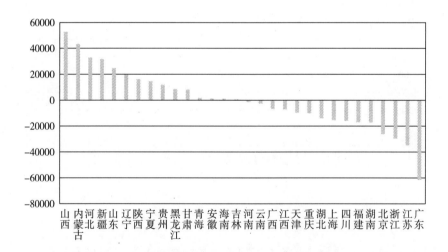

图9-6　区域碳交易量——情景三

9.3.3　福利效应测度

图9-7描述了在2020年比2015年碳强度下降18%的减排目标下，按照历史排放量占比来进行初始配额分配时30个省份的福利效应。如图9-7所示，在达到上述减排目标的条件下，相对于各区域自主减排时的情况，由于碳交易市场的成本节约效应而增加的社会总福利为66.1亿元。其中，获得福利最大的5个

省份分别是广东、山西、江苏、新疆和浙江，福利共计33.29亿元，占全国总福利的50.36%。获得福利最小的5个省份分别是青海、辽宁、山西、海南和黑龙江，福利总计仅0.09亿元，占全国总福利的0.14%。各省份福利标准差为2.52亿元。

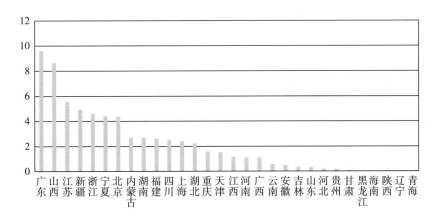

图9-7 区域碳交易的福利效应——情景一

图9-8描述了在2020年比2015年碳强度下降18%的减排目标下，按照人口数量占比来进行初始配额分配时30个省份的福利效应。如图9-8所示，在达到上述减排目标的条件下，相对于各区域自主减排时的情况，由于碳交易市场的成本节约效应而增加的社会总福利为8027.15亿元。其中，获得福利最大的5个省份分别是内蒙古、山东、辽宁、山西和新疆，福利共计4985.62亿元，占全国总福利的62.11%。获得福利最小的5个省份分别是青海、吉林、海南、黑龙江和甘肃，福利总计27.31亿元，占全国总福利的0.3%。各省份福利标准差为393.36亿元。

图9-9描述了在2020年比2015年碳强度下降18%的减排目标下，按照GDP占比来进行初始配额分配时30个省市的福利效应。如图9-9所示，在达到上述减排目标的条件下，相对于各区域自主减排时的情况，由于碳交易市场的成本节约效应而增加的社会总福利为7030.5亿元。其中，获得福利最大的5个省份分别是内蒙古、山西、河北、新疆和辽宁，福利共计3847.22亿元，占全国总福利的54.72%。获得福利最小的5个省份分别是吉林、河南、安徽、云南和海南，福利总计36.54亿元，占全国总福利的0.5%。各省份福利标准差为283.74亿元。

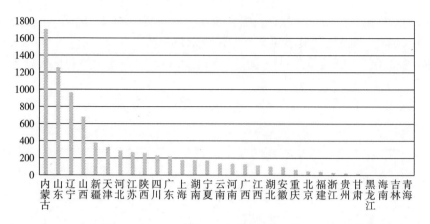

图 9-8　区域碳交易的福利效应——情景二

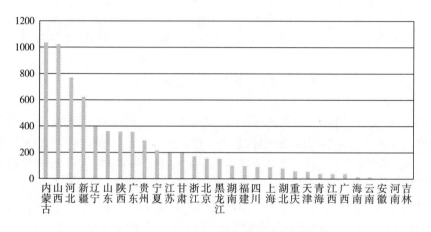

图 9-9　区域碳交易的福利效应——情景三

9.4　多情景比较研究

9.4.1　区域市场角色多情景比较

表 9-4 给出了在不同配额分配情景下，各省份在参与碳市场交易时的交易角色。由于配额分配方案直接决定了各区域在自主减排过程中可用的配额数量，实际用量如果超出或低于可用量则需要借助碳市场进行购买或出售，所以碳配额

分配方案不同直接决定了各区域的角色承担。可以看到，在不同配额情景中，为将减排成本降至最低或实现福利最大化目标，几乎所有省市都存在角色的转移和变化。

表 9-4　多情景下各区域市场交易角色

省份	情景一	情景二	情景三
北京市	买	卖	卖
天津市	买	买	卖
河北省	卖	买	买
山西省	卖	买	买
内蒙古自治区	卖	买	买
辽宁省	–	买	买
吉林省	买	买	买
黑龙江省	买	买	买
上海市	买	买	卖
江苏省	买	买	卖
浙江省	买	卖	卖
安徽省	买	卖	卖
福建省	买	卖	卖
江西省	买	卖	卖
山东省	买	买	卖
河南省	买	卖	卖
湖北省	买	卖	卖
湖南省	买	卖	卖
广东省	买	卖	卖
广西壮族自治区	买	卖	卖
海南省	买	卖	买
重庆市	买	买	卖
四川省	买	买	卖
贵州省	卖	卖	卖
云南省	买	卖	卖
陕西省	卖	买	买
甘肃省	卖	卖	买
青海省	–	买	买
宁夏回族自治区	卖	买	买
新疆维吾尔自治区	卖	买	买

注：–代表不参与碳交易市场，交易量为 0。

9.4.2 区域福利效应多情景比较

表9-3中给出了在多情景下全社会福利总效应的比较结果，显示在以人口数量占比原则分配初始配额的情景二中，碳交易实现的社会总的减排成本节约额最大，也即全社会福利总量最大。但是，这一结果并不适用于所有单个区域，表9-5给出了各区域在不同配额分配情景中的福利效应。可以看到，所有省份的一个共同特征是，以历史排放量分配初始配额的情景一实现的福利最小。而以人口数占比作为分配原则的情景二中，仅有15个省市的福利效应达到最大，分别是天津、内蒙古、辽宁、上海、江苏、安徽、江西、山东、河南、湖北、湖南、广西、重庆、四川、云南等。而以GDP占比原则分配配额的情景三中，也有15个省市的福利效应达到最大，分别是北京、河北、山西、吉林、黑龙江、浙江、福建、广东、海南、贵州、陕西、甘肃、青海、宁夏和新疆。这意味着，如果从福利总量的角度寻找最优配额分配方案或许相对简单，但是如果同时考虑到福利在不同地区间的分配，则涉及更多复杂的因素，方案的选取应当更为谨慎。

表9-5 多情景下区域福利效应比较

省份	情景一	情景二	情景三
北京	4.37	45.8	152.79
天津	1.52	326.99	55.81
河北	0.2	285.48	769.21
山西	8.64	681.15	1023.69
内蒙古	2.69	1704.84	1034.49
辽宁	0	965.97	397.68
吉林	0.35	0.53	1.42
黑龙江	0.03	5.23	152.07
上海	2.4	176.18	89.02
江苏	5.53	267.63	198.33
浙江	4.59	29.37	171.44
安徽	0.5	94.6	4.8
福建	2.63	40.76	98.09
江西	1.15	115.55	39.2
山东	0.34	1256.62	362.62
河南	1.12	133.51	2.56
湖北	2.24	101.54	79.54

续表

省份	情景一	情景二	情景三
湖南	2.69	175.42	99.24
广东	9.6	215.03	357.09
广西	1.12	129.11	37.91
海南	0.03	4.91	14.95
重庆	1.58	63.25	58.93
四川	2.52	227.58	91.27
贵州	0.19	22.9	291.17
云南	0.58	134.56	12.81
陕西	0.03	257.12	359.11
甘肃	0.08	16.54	197.15
青海	0	0.1	39.33
宁夏	4.42	171.81	216.64
新疆	4.93	377.04	622.15

结　语

　　前面 9 章内容我们分别用不同的方法估算了行业和区域碳减排的影子价格，并在模拟碳交易市场运行的基础上，测算并比较了多种不同交易假设情景下的均衡价格、均衡交易量以及碳市场福利。最后需要完成的工作是对基于相同交易情景假设下，不同研究方法得出的交易结果进行横向比对，以期得出超越于研究方法之上的优选方案。这一工作的复杂性表现在以下两个方面：一是各种研究方法都有其理论上的局限性，计算结果的精度可能存在瑕疵，因此在形成结论时必须非常谨慎；二是碳市场交易主体的多样性（包括行业和区域两类）加大了提炼一般性结论的难度。这里我们将尽力摒弃先验性的观点和偏好，本着客观真实的原则呈现所有的分析结论。另外，需要提出的是，本书 9 章研究内容对于涉及的价值变量，以及设定的基期并不完全相同，从而使计算得出的结果不具有直接的可比性，以下是已经将其统一转换为可比值后的结论。

　　影子价格的估算是所有问题的研究起点和核心，也是我们谨慎地采取多种测算方法的根本原因。从对产业和对区域影子价格进行多种方法估算的结果看，不同研究方法的结论之间存在巨大差异。以非参数法计算的行业影子价格相对于参数法计算结果之间相差的倍数处于 0.14 ~ 85.22 倍，绝大多数行业非参法计算的影子价格均高于参数法。但是，这种结论并不适用于区域影子价格的计算。当我们分别用参数法和非参法计算区域影子价格时，非参法的计算结果仅相当于参数法结果的 0.03 ~ 2.05 倍，绝大多数区域参数法计算的影子价格高于非参法。这说明，影子价格的估算除了受到研究方法的影响之外，还受到研究对象本身的影响，仅从理论上分析不同研究方法对影子价格高低的影响显然是不够的，不同研究对象、不同时期的数据样本在同一方法框架下也会呈现不同的结果和趋势。

　　均衡价格是碳市场交易情景模拟的研究重点。与理论分析结果相一致的是，交易均衡价格仅与交易主体影子价格、市场强制减排量或配额总量有关，与配额如何在交易主体之间分配无关。例如，在"十三五"减排目标下（2020 年碳强度相对于 2015 年下降 18%），利用参数法分别按历史排放占比和按人口占比分配配额，模拟得出的区域间碳市场的均衡价格都是 1436 元/吨；在相同减排目标下，一般均衡法按照历史排放占比、人口占比和 GDP 占比三种配额分配情景计算得出的区域间碳市场的均衡价格都是 43.83 元/吨。

值得注意的是，影子价格的高低虽然影响最终的均衡价格，但两者表现并不完全一致。从行业间市场的模拟结果看，虽然参数法和非参法估算的行业影子价格差异巨大，且绝大多数行业非参法的影子价格高于参数法，但交易后两类不同方法模拟下的均衡价格不仅差别大大缩小，而且在某些情况下参数法的均衡价格还要高于非参法。在六种相同模拟情景中，非参法下的均衡价格仅相当于参数法价格的 0.87 ~ 1.79 倍，大大小于 0.14 ~ 85.22 倍的影子价格的差异。同时，在"十三五"减排目标下，当按祖父法分配的免费配额比例分别为 100% 和 80% 时，非参数法模拟的均衡价格均比参数法价格低 14%。一个可能的解释是，虽然非参法情况下多数行业影子价格高于参数法，但是在某些模拟情景中，如果一些影子价格相对较低的行业作为配额出售者更多地参与市场，提供大量配额时就可能对整个市场的供求均衡产生影响力，导致较低的市场价格；相反，虽然参数法的影子价格多数情况下均低于非参法，但是如果在某些模拟情景中，一些影子价格相对较高的行业作为配额购买者更多地参与市场，购买大量配额从而对市场整体供求产生影响力时，也有可能导致较高的市场价格。因此，市场均衡交易价格受影子价格影响的方式是：既受到影子价格高低的影响，也受到影子价格曲线陡峭程度的影响。较陡的曲线在相同的均衡价格下决定更小的自主减排量，这意味着更小的市场出售量或更大的市场购买量。反之，较平坦的曲线在相同的均衡价格下决定更大的自主减排量，从而意味着有更大的市场出售量或更小的市场购买量。

社会福利总量是衡量碳交易市场价值的核心指标，福利越高代表着碳市场产生的减排成本节约效应越显著。从行业间碳市场分析的结果看，减排目标越高，配额免费比例越大，福利效应越大。配额 100% 免费时，在"十三五"减排目标、2020 减排目标和 2030 减排目标下，以 2005 年价格计算的参数法福利总量分别达到 2658.3 亿元、53854.8 亿元、62960.7 亿元；非参法福利总量分别达到 700.7 亿元、10685.1 亿元、15904.8 亿元。当免费配额比例下降至 80% 时，三大减排目标下的福利有所下降，参数法福利总量分别下降为 2106.2 亿元、42915.7 亿元、50221.7 亿元；非参法福利总量分别下降为 564.3 亿元、8655.2 亿元、12906.3 亿元。对于区域间碳市场的分析结果显示，不同配额分配方案影响最终的社会福利总量，但似乎没有超越于研究方法之上的绝对优选方案。参数法结果显示，根据历史排放量占比分配配额得到的福利总量要高于按人口占比分配的结果，在"十三五"减排目标、2020 减排目标和 2030 减排目标下，前者形成的福利分别是后者福利的 1.79 倍、1.07 倍和 1.46 倍。而一般均衡法的结果却显示，利用人口占比分配配额的方案要优于利用历史排放占比和 GDP 占比的分配方案。在完成"十三五"目标时，前者福利分别是后两者的 121.44 倍和 1.14 倍。

在进行市场方案比选时，除了福利总量这一关键性指标之外，福利在不同交易参与者之间的分布状况无疑在很大程度上决定了方案可行性。为此，我们在表 1 和表 2 中分别计算了不同方案下福利在行业间和区域间分布的基尼系数。从行业和区域福利基尼系数的状态看，碳交易市场的福利分布呈现高度不均衡状态，总体福利基尼系数在 0.7 ~ 0.8。不同减排目标和分配方案虽然会引起福利分布一定程度的变化，但几乎所有方法都显示这种变化并不显著。这意味着，虽然碳市场的构建在理论上存在极大的福利优势，但在实践中却会造成福利分布的严重不均衡，这种不均衡根植于各行业和各区域的减排成本差异。忽视这种差异性，可能引起参与者消极应对和市场实际运行困难。因此，在不影响市场效率的前提下，如何进一步创新配额分配方案或者构建配套的福利补偿和调整机制，或许应当成为下一步碳交易市场机制设计的重点研究内容。

表 1　行业福利基尼系数

情景		情景一	情景二	情景三	情景四	情景五	情景六
福利基尼系数	参数法	0.762	0.763	0.776	0.781	0.776	0.780
	非参法	0.828	0.836	0.825	0.834	0.840	0.836

注：情景一、情景二分别为"十三五"目标，祖父法 100% 和 80% 免费配额；情景三、情景四分别为 2020 减排目标，祖父法 100% 和 80% 免费配额；情景五、情景六分别为 2030 减排目标，祖父法 100% 和 80% 免费配额。

表 2　区域福利基尼系数

情景		情景一	情景二	情景三	情景四	情景五	情景六
基尼系数	参数法	0.751	0.767	0.749	0.736	0.753	0.737
	一般均衡法	0.772	0.798	0.780			

注：参数法——情景一、情景二分别为"十三五"目标，祖父法 100% 和 80% 免费配额；情景三、情景四分别为 2020 减排目标，祖父法 100% 和 80% 免费配额；情景五、情景六分别为 2030 减排目标，祖父法 100% 和 80% 免费配额；一般均衡法——情景一为"十三五"目标，按历史排放占比分配配额；情景二为"十三五"目标，按人口占比分配配额；情景三为"十三五"目标，按 GDP 占比分配配额。

参考文献

［1］ Aigner D J, Chu S F. On Estimating the Industry Production Function ［J］. American Economic Review, 1968, 58 (4): 826 –839.

［2］ Aiken D V, Jr C A P. Adjusting the measurement of US manufacturing productivity for air pollution emissions control ［J］. Resource & Energy Economics, 2003, 25 (4): 329 –351.

［3］ Allan G, Lecca P, Mcgregor P, et al. The economic and environmental impact of a carbon tax for Scotland: A computable general equilibrium analysis ［J］. Ecological Economics, 2014, 100 (100): 40 –50.

［4］ Badau F, Färe R, Gopinath M. Global resilience to climate change: Examining global economic and environmental performance resulting from a global carbon dioxide market ［J］. Resource & Energy Economics, 2016, 45: 46 –64.

［5］ Barker T, Baylis S, Madsen P. A UK carbon/energy tax : The macroeconomics effects ［J］. Energy Policy, 1993, 21 (3): 296 –308.

［6］ Böhringer C, Lange A. On the design of optimal grandfathering schemes for emission allowances ［J］. European Economic Review, 2003, 49 (8): 2041 –2055.

［7］ Boussemart Leleu H Shen Z. Worldwide carbon shadow prices during 1990 –2011 ［J］. Working Papers, 2018, 109 (8): 288 –296.

［8］ Boyd G, Molburg J, Prince R. Alternative methods of marginal abatement cost estimation: Non – parametric distance functions ［J］. Environmentalences, 1996.

［9］ Bruvoll A, Larsen B M. Greenhouse gas emissions in Norway: do carbon taxes work? ［J］. Energy Policy, 2004, 32 (4): 493 –505.

［10］ Caves D W, Christensen L R, Diewert W E. The Economic Theory of Index Numbers and the Measurement of Input, Output, and Productivity ［J］. Econometrica, 1982, 50 (6): 1393 –1414.

［11］ Chen L Y, Liu J L, Wang X Y, et al. Marginal Carbon Abatement Cost Estimation Based on the DDF Dynamic Analysis Model—Taking Tianjin for Example [J]. Systems Engineering, 2014.

[12] Chen, S. Shadow price of industrial carbon dioxide: Parametric and non Parametric method [J]. World economy, 2010, 33 (8): 93 –111.

[13] Cheng F L, Lin S J, Lewis C. Analysis of the impacts of combining carbon taxation and emission trading on different industry sectors [J]. Energy Policy, 2008, 36 (2): 722 –729.

[14] Choi, Y., Zhang, N., Zhou, P. Efficiency and abatement costs of energy – related CO_2 emissions in China: a slacks – based efficiency measure [J]. Applied Energy, 2012, 98 (5), 198 –208.

[15] Coggins J S, Swinton J R. The Price of Pollution: A Dual Approach to Valuing SO_2 Allowances [J]. Journal of Environmental Economics & Management, 1996, 30 (1): 58 –72.

[16] Cong R G, Wei Y M. Potential impact of (CET) carbon emissions trading on China's power sector: A perspective from different allowance allocation options [J]. Energy, 2010, 35 (9): 3

[17] Cuesta R A, Lovell C A, Zofío J L. Environmental efficiency measurement with translog distance functions: A parametric approach [J]. Ecological Economics, 2009, 68 (8): 2232 –2242.

[18] Dang T, Mourougane A. Estimating shadow prices of pollution in OECD in OECD economies [J]. General Information, 2014.

[19] Delarue E. DEllermanetal. Robust MACCs? The topography of abatement by fuel switching in the European power sector [J]. Energy, 2010, 35 (3): 1465 –1475.

[20] Du l MaoJ.. Estimating the environmental efficiency and marginal CO_2, abatement cost of coal – fired power plants in China [J]. Energy Policy, 2015, 85 (11): 347 –356.

[21] Du L, Hanley A, Wei C. Estimating the Marginal Abatement Cost Curve of CO_2, Emissions in China: Provincial Panel Data Analysis [J]. Energy Economics, 2015, 48: 217 –229.

[22] Du, L. M., Hanley, A., Wei, C., Marginal abatement costs of carbon dioxide emissions in China: a parametric analysis [J]. Environ. Resour. Econ, 2015, 61 (2), 191 –216.

[23] Eva camacho – cuena, Till requate, Israel waichman. Investment Incentives Under Emission Trading An Experimental Study [J]. Springer Netherlands,

2012, 53 (2): 229 – 249.

[24] Fabian Kesicki, Neil Strachan. Marginal abatement cost (MAC) curves: confronting theory and practice [J]. Environmental Science and Policy, 2011, 14 (8).

[25] Fan Y, Wu J, Xia Y, et al. How will a nationwide carbon market affect regional economies and efficiency of CO_2, emission reduction in China? [J]. China Economic Review, 2016, 38: 15.

[26] Fang G, Tian L, Fu M, et al. The impacts of carbon tax on energy intensity and economic growth – A dynamic evolution analysis on the case of China [J]. Applied Energy, 2013, 110 (5).

[27] Färe R, Grosskopf. Theory and application of directional distance functions [J]. Journal of Productivity Analysis, 2000, 13 (2): 93 – 103.

[28] Färe R, Grosskopf S, Lovell CAK et al.. Derivation of Shadow Prices for Undesirable Outputs A Distance Function Approach [J]. The Review of Economics and Statistics, 1993, 75 (2): 374 – 380.

[29] Färe R, Grosskopf S, Noh D W, et al. Characteristics of a polluting technology: theory and practice [J]. Journal of Econometrics, 2005, 126 (2): 469 – 492.

[30] Fischer C, Morgenstern R. Carbon Abatement Costs: Why the Wide Range of Estimates? [J]. Energy Journal, 2006, 27 (2).

[31] Floros N, Vlachou A. Energy demand and energy – related CO_2 emissions in Greek manufacturing: Assessing the impact of a carbon tax [J]. Energy Economics, 2005, 27 (3): 387 – 413.

[32] Fujimori S, Masui T, Matsuoka Y. Gains from emission trading under multiple stabilization targets and technological constraints [J]. Energy Economics, 2015, 48: 306 – 315.

[33] Gale boyd JohnMolburgRaymondPrince. Alternative Methods of Marginal Abatement Cost Estimation Non – Parametric Distance Functions [J]. Sage Publications, 1996, 3 (2): 145 – 145.

[34] Galinato G I, Yoder J K. Revenue – Neutral Tax – Subsidy Policy for Carbon Emission Reduction [J]. Working Papers, 2009, 33 (2008 – 22): 497.

[35] Golombek R, Kittelsen S A C, Rosendahl K E. Price and welfare effects of emission quota allocation [J]. Social Science Electronic Publishing, 2013, 36 (3): 568 – 580.

[36] Hailu A. VeemanT. S.. Environmentally Sensitive Productivity Analysis of

the Canadian Pulp and Paper Industry 1959 – 1994: An Input Distance Function Approach [J] . Journal of Environmental Economics and Management, 2000, 40（3）: 251 – 274.

[37] He X. Regional differences in China's CO_2, abatement cost [J] . Energy Policy, 2015, 80: 145 – 152.

[38] Hermeling C, Löschel A, Mennel T. A new robustness analysis for climate policy evaluations: A CGE application for the EU 2020 targets [J] . Energy Policy, 2013, 55（4）: 27 – 35.

[39] Hojeong Park, Jaekyu Lim. Valuation of marginal CO_2 abatement options for electric power plants in Korea [J] . Energy Policy, 2009, 37（5）.

[40] http: //www. cankaoxiaoxi. com/world/20160817/1270481. shtml.

[41] http: //www. tanjiaoyi. com/article – 23238 – 1. html.

[42] http: //www. tanpaifang. com/tanguihua/2014/1113/40057. html.

[43] Huang, S. K. , Kuo, L. , Chou, K. L. . The applicability of marginal abatement cost approach: a comprehensive review [J] . J. Clean. Prod. , 2016, 127, 59 – 71.

[44] Hübler, Michael, Voigt S , et al. Designing an emissions trading scheme for China—An up – to – date climate policy assessment [J] . Energy Policy, 2014, 75: 57 – 72.

[45] IPCC. 2006 IPCC Guidelines for National Greenhouse Gas Inventories [R] . IPCC National Greenhouse Gas Inventory Program, Japan, 2006.

[46] Jeong – Dong Lee, Jong – Bok Park, Tai – Yoo Kim. Estimation of the shadow prices of pollutants with production/environment inefficiency taken into account: a nonparametric directional distance function approach [J] . Journal of Environmental Management, 2002, 64（4）.

[47] Klepper G, Peterson S. Marginal abatement cost curves in general equilibrium: The influence of world energy prices [J] . Resource & Energy Economics, 2006, 28（1）: 1 – 23.

[48] Klimenko V V, Mikushina O V, Tereshin A G. Do we really need a carbon tax? [J] . Applied Energy, 1999, 64（1 – 4）: 311 – 316.

[49] Lee C Y, Zhou P. Directional shadow price estimation of CO_2, SO_2, and NO_x, in the United States coal power industry 1990 – 2010 [J] . Energy Economics, 2015, 51: 493 – 502.

[50] Lee J – D. , Park J – B. , Kim T – Y. . 2002 Estimation of the shadow prices of pollutants with productionenvironment inefficiency taken into account a non-

parametric directional distance function approach [J]. Journal of Environmental Management, 2002, 64 (4): 365 – 375.

[51] Lee M, Zhang N. Technical efficiency, shadow price of carbon dioxide emissions, and substitutability for energy in the Chinese manufacturing industries [J]. Energy Economics, 2012, 34 (5): 1492 – 1497.

[52] Lee M. The shadow price of substitutable sulfur in the US electric power plant: a distance function approach [J]. Journal of Environmental Management, 2005, 77 (2): 104.

[53] Lee Sang – choon, Oh Dong – hyun, Lee Jeong – dong. A new approach to measuring shadow price Reconciling engineering and economic perspectives [J]. Energy Economics, 2014, 46 (6): 66 – 77.

[54] Leleu Hervé. Shadow pricing of undesirable outputs in nonparametric analysis [J]. European Journal of Operational Research, 2013, 231 (2): 474 – 480.

[55] Li W, Jia Z. The impact of emission trading scheme and the ratio of free quota: A dynamic recursive CGE model in China [J]. Applied Energy, 2016, 174: 1 – 14.

[56] Liang Q M, Fan Y, Wei Y M. Carbon taxation policy in China: How to protect energy – and trade – intensive sectors? [J]. Journal of Policy Modeling, 2007, 29 (2): 311 – 333.

[57] Limin Du, Chu Wei, Shenghua Cai. Economic development and carbon dioxide emissions in China: Provincial panel data analysis [J]. China Economic Review, 2012, 23 (2).

[58] Lin B, Jia Z. The impact of Emission Trading Scheme (ETS) and the choice of coverage industry in ETS: A case study in China [J]. Applied Energy, 2017, 205.

[59] Liu H, Lin B. Cost – based modelling of optimal emission quota allocation [J]. Journal of Cleaner Production, 2017, 149 (Complete): 472 – 484.

[60] Liu J Y, Xia Y, Fan Y, et al. Assessment of a green credit policy aimed at energy – intensive industries in China based on a financial CGE model [J]. Journal of Cleaner Production, 2015, 163.

[61] M. Ghosh. Production – based versus demand – based emissions targets: Implications for developing and developed economies [J]. Environment & Development Economics, 2014, 19 (5): 585 – 606

[62] M. N. Murty, Surender Kumar, Kishore K. Dhavala. Measuring environ-

mental efficiency of industry: a case study of thermal power generation in India [J]. Environmental and Resource Economics, 2007, 38 (1): 31 – 50.

[63] Ma C, Hailu A. The Marginal Abatement Cost of Carbon Emissions in China [J]. Working Papers, 2015.

[64] Mardones C, Baeza N. Economic and environmental effects of a CO_2 tax in Latin American countries [J]. Energy Policy, 2018, 114: 262 – 273.

[65] Marklund P O, Samakovlis E. What is driving the EU burden – sharing agreement: Efficiency or equity? [J]. Journal of Environmental Management, 2007, 85 (2): 317.

[66] Matsushita k YamaneF.. Pollution from the electric power sector in Japan and efficient pollution reduction [J]. Energy Economics, 2012, 34 (4): 1124 – 1130.

[67] Molinos – Senante, M., Hanley, N., Sala – Garrido, R., 2015. Measuring the CO_2 shadow price for waste water treatment: a directional distance function approach [J]. Applied Energy 144, 241 – 244.

[68] Moran D, Macleod M, Wall E, et al. Marginal Abatement Cost Curves for UK Agricultural Greenhouse Gas Emissions [J]. Proceedings Issues, 2010: Climate Change in World Agriculture: Mitigation, Adaptation, Trade and Food Security, June 2010, Stuttgart – Hohenheim, Germany, 2010, 62 (1): 93 – 118.

[69] Murty M N, Kumar S, Dhavala K K. Measuring environmental efficiency of industry: a case study of thermal power generation in India [J]. Environmental & Resource Economics, 2007, 38 (1): 31 – 50.

[70] Nakata T, Lamont A. Analysis of the impacts of carbon taxes on energy systems in Japan [J]. Energy Policy, 2001, 29 (2): 159 – 166.

[71] Nordhaus W D. The cost of slowing change: a survey [J]. Energy Journal, 1991, (12): 37 – 65.

[72] Okada, A. International Negotiations on Climate Change: A Non – cooperative Game Analysis of the Kyoto Protocol [M]. Berlin: Springer Publisher, 2007.

[73] Orlov A, Grethe H. Carbon taxation and market structure: A CGE analysis for Russia [J]. Energy Policy, 2012, 51 (6): 696 – 707.

[74] P. Zhou, X. Zhou, L. W. Fan. On estimating shadow prices of undesirable outputs with efficiency models: A literature review [J]. Applied Energy, 2014, 130.

[75] Paltsev S, Reilly J M, Jacoby H D, et al. MIT Joint Program on the Science and Policy of Global Change Assessment of U. S. Cap – and – Trade Proposals [J].

Energy Economics, 2010, 33 (6): 20 – 33.

[76] Paltsev S, Reilly J M, Jacoby H D, et al. Assessment of U. S. cap – and – trade proposals [J] . Working Papers, 2007, 8 (4): 395 – 420.

[77] Park H, Lim J. Valuation of marginal CO_2, abatement options for electric power plants in Korea [J] . Energy Policy, 2009, 37 (5): 1834 – 1841.

[78] Peace J, Juliani T. The coming carbon market and its impact on the American economy [J] . Policy & Society, 2009, 27 (4): 305 – 316.

[79] Peper V, Stingl K, Thuemler H, et al. Measuring the cost of environmentally sustainable industrial development in India: a distance function approach [J] . Environment and Development Economics, 2006, 7 (3): 467 – 486.

[80] Pittman, R. W.. Multilateral Productivity Comparisons with Undesirable Outputs [J] . Economic Journal, 1983, 93 (372): 883 – 891.

[81] Qunli Wu, Chunxiang Li, Hongjie Zhang, Jinyu Tian. Macro and Structural Effects of Carbon Tax in China Based on ECGE Model [J] . Polish Journal of Environment Studies, 2018 (2) .

[82] Ralf Martin, Laure B. de Preux, Ulrich J. Wagner. The impact of a carbon tax on manufacturing: Evidence from microdata [J] . Journal of Public Economics, 2014, 117.

[83] Reig – MartıNez E, Picazo – Tadeo A, Hernández – Sancho F. The calculation of shadow prices for industrial wastes using distance functions: An analysis for Spanish ceramic pavements firms [J] . International Journal of Production Economics, 2001, 69 (3): 277 – 285.

[84] Rivers N. Impacts of climate policy on the competitiveness of Canadian industry: How big and how to mitigate? [J] . Energy Economics, 2010, 32 (5): 1092 – 1104.

[85] Rødseth KennethLøvold. Capturing the least costly way of reducing pollution A shadow price approach [J] . Ecological Economics, 2013, 92 (10): 16 – 24.

[86] Rolf Färe, Shawna Grosskopf, Carl A. Pasurka Jr, et al. Substitutability among undesirable outputs [J] . Applied Economics, 2012, 44 (1): 39 – 47.

[87] Rolf Färe, Shawna Grosskopf, Dong – Woon Noh, et al. Characteristics of a polluting technology: theory and practice [J] . Journal of Econometrics, 2005, 126 (2): 469 – 492.

[88] Rolf Färe, Shawna Grosskopf, William L. Weber. Shadow prices and pollution costs in U. S. agriculture [J] . Ecological Economics, 2004, 56 (1) .

[89] S Kverndokk. Tradeable CO_2 Emission Permits Initial Distribution as a Justice Problem [J]. Environmental Values, 1995, 4 (2): 1357 – 1378.

[90] Sheng P F, Yang J. The Heterogeneity and Convergence of Energy's Shadow Price in China—The Estimation of Nonparametric Input Distance Function [J]. Industrial Economics Research, 2014 (1): 70—80.

[91] Tang L, Shi J, Bao Q. Designing an emissions trading scheme for China with a dynamic computable general equilibrium model [J]. Energy Policy, 2016, 97: 507 – 520.

[92] Tang L, Wu J, Yu L, et al. Carbon emissions trading scheme exploration in China: A multi – agent – based model [J]. Energy Policy, 2015, 81: 152 – 169.

[93] Tang, K., Yang, L., Zhang, J.. Estimating the regional total factor efficiency and pollutants' marginal abatement costs in China: a parametric approach [J]. Applied Energy, 2016, 184, 230 – 240.

[94] Tietenberg T H. Emissions trading: an exercise in reforming pollution policy [M]. Washington: Resources for the Future, 1985.

[95] Tu, Z.. The shadow price of industrial SO_2 emission: a new analytic framework [J]. China Economic Quarterly (Jing – Ji – Xue Ji – Kan), 2009, 9, 259 – 282.

[96] Vaillancourt K., Loulou R., Kanudia A.. The Role of Abatement Costs in GHG Permit Allocations: A Global Stabilization Scenario Analysis [J]. Environmental Modeling & Assessment, 2008, 13 (2): 169 – 179.

[97] Victoria Alexeeva. The globalization of the carbon market: Welfare and competitiveness effects of linking emissions trading schemes [J]. Mitigation & Adaptation Strategies for Global Change, 2016, 21 (6): 905 – 930.

[98] W. Chen. The costs of mitigating carbon emissions in China: findings from China MARKAL – MACRO modeling [J]. Energy Policy, 2005, 33 (77): 885 – 896.

[99] Wang, Q., Cui, Q., Zhou, D., Wang, S.. Marginal abatement costs of carbon dioxide in China: a nonparametric analysis [J]. Energy Procedia 2011, 5 (5), 2316 – 2320.

[100] Wang, S., Chu, C., Chen, G., Peng, Z., Li, F.. Efficiency and reduction cost of carbon emissions in China: a non – radial directional distance function method [J]. Clean. Prod., 2016, 113, 624 – 634.

[101] Wang S. Marginal abatement costs of carbon dioxide in China: a nonparametric analysis. Energy Proc, 2011, 5: 2316 – 2320.

[102] Wang j , Li L, ZhangF et al. . Carbon Emissions Abatement Cost in China: Provincial Panel Data Analysis [J] . Sustainability, 2014, 6 (5): 2584 – 2600.

[103] Wang K, Che L, Ma C, et al. The shadow price of CO_2, emissions in China's iron and steel industry [J] . Science of the Total Environment, 2017, 598: 272 – 281.

[104] Wang Q, Cui Q, Zhou D, et al. Marginal abatement costs of carbon dioxide in China: A nonparametric analysis [J] . Energy Procedia, 2011, 5 (5): 2316 – 2320.

[105] Wang S, Chu C, Chen G et al. . Efficiency and reduction cost of carbon emissions in China: a non – radial directional distance function method [J] . , 2016, 113: 624 – 634.

[106] Wang Y, Wang Q, Hang Y, et al. CO_2 emission abatement cost and its decomposition: a directional distance function approach [J] . Journal of Cleaner Production, 2018, 170.

[107] Wang, S. , Chu, C. , Chen, G. , Peng, Z. , Li, F. . Efficiency and reduction cost of carbon emissions in China: a non – radial directional distance function method [J] . Clean. Prod. , 2016, 113, 624 – 634.

[108] Wei C, Löschel A, Liu B. An empirical analysis of the CO_2, shadow price in Chinese thermal power enterprises [J] . Energy Economics, 2013, 40 (18): 22 – 31.

[109] Wissema W, Dellink R. AGE analysis of the impact of a carbon energy tax on the Irish economy [J] . Ecological Economics, 2007, 61 (4): 671 – 683.

[110] X. He. Regional differences in China's CO_2, abatement cost [J] . Energy Policy, 2015, 80 (8): 145 – 152.

[111] Xie h Shen M Wei C. . Technical efficiency, shadow price and substitutability of Chinese industrial SO_2, emissions: a parametric approach [J] . Journal of Cleaner Production, 2016, 112 (11): 1386 – 1394.

[112] Y. H. Chung, R. Färe, S. Grosskopf. Productivity and Undesirable Outputs: A Directional Distance Function Approach [J] . Journal of Environmental Management, 1997, 51 (3) .

[113] Yang L, Yao Y, Zhang J, et al. A CGE analysis of carbon market impact on CO_2, emission reduction in China: a technology – led approach [J] . Natural Hazards, 2016, 81 (2): 1107 – 1128.

[114] Yuan P, Liang W, Cheng S. The Margin Abatement Costs of CO_2 in Chinese industrial sectors [J] . Energy Procedia, 2012, 14: 1792 – 1797.

[115] Zaim O, Taskin F. Environmental efficiency in carbon dioxide emissions in

the OECD: A non – parametric approach [J]. Journal of Environmental Management, 2000, 58 (2): 95 – 107.

[116] Zhang X, Xu Q, Zhang F, et al. Exploring shadow prices of carbon emissions at provincial levels in China [J]. Ecological Indicators, 2014, 46 (11): 407 – 414.

[117] Zhang Z X, Baranzini A. What do we know about carbon taxes? An inquiry into their impacts on competitiveness and distribution of income [J]. Energy Policy, 2004, 32 (4): 507 – 518.

[118] Zhang Z. X. , Folmer H.. Economic Modeling Approaches to Cost Estimates for the Control of Carbon Dioxide Emissions [J]. Energy Economics, 1998, 20 (1): 101 – 120.

[119] Zhang, X. , Xu, Q. , Zhang, F. , Guo, Z. , Rao, R.. Exploring shadow prices of carbon emissions at provincial levels in China [J]. Ecol. Indic. , 2014, 46, 407 – 414.

[120] Zhou P, Zhou X, Fan L W. On estimating shadow prices of undesirable outputs with efficiency models: A literature review [J]. Applied Energy, 2014, 130 (5): 799 – 806.

[121] Zhou X, Fan L W, Zhou P. Marginal CO_2, abatement costs: Findings from alternative shadow price estimates for Shanghai industrial sectors [J]. Energy Policy, 2015, 77: 109 – 117.

[122] Zhou, Y. , 2017. Study on the Shadow Price of Environmental Pollutants—A Case Study of Guangdong Industry [J]. Industrial Economic Review, 2017, 8 (2): 93 – 107.

[123] 陈德湖, 潘英超, 武春友. 中国二氧化碳的边际减排成本与区域差异研究 [J]. 中国人口·资源与环境, 2016, 26 (10): 86 – 93.

[124] 陈红蕾, 聂文丽. 中国碳排放影子价格度量及空间计量 [J]. 生态学报, 2018 (14): 1 – 8.

[125] 陈诗一. 工业二氧化碳的影子价格: 参数化和非参数化方法 [J]. 世界经济, 2010, 33 (8): 93 – 111.

[126] 陈诗一. 边际减排成本与中国环境税改革 [J]. 中国社会科学, 2011 (3): 85 – 100.

[127] 陈文颖, 高鹏飞, 何建坤. 用 MARKAL – MACRO 模型研究碳减排对中国能源系统的影响 [J]. 清华大学学报 (自然科学版), 2004 (3): 342 – 346.

[128] 崔连标, 范英, 朱磊, 等. 碳排放交易对实现我国"十二五"减排目标的成本节约效应研究 [J]. 中国管理科学, 2013 (1): 37 – 46.

[129] 戴淑芬, 郝雅琦, 张超. 我国钢铁企业污染物影子价格估算研究 [J].

价格理论与实践，2014（10）：48－50.

［130］单豪杰．中国资本存量 K 的再估算：1952～2006 年［J］．数量经济技术经济研究，2008，25（10）：17－31.

［131］丁丁，冯静茹．论我国碳交易配额分配方式的选择［J］．国际商务（对外经济贸易大学学报），2013，4：83－92.

［132］董梅，徐璋勇，李存芳．碳强度约束对城乡居民福利水平的影响：基于 CGE 模型的分析［J］．中国人口·资源与环境，2018，28（2）：94－105.

［133］范英，张晓兵，朱磊．基于多目标规划的中国二氧化碳减排的宏观经济成本估计［J］．气候变化研究进展，2010，6（2）：130－135.

［134］冯雪珺．应对气候变化，中国展现引导力［N］．人民日报，2017－11－19（003）.

［135］冯玉婧．从波恩气候大会看中国生态文明新亮点［N］．中国能源报，2017－11－20（019）.

［136］傅京燕，代玉婷．碳交易市场链接的成本与福利分析——基于 MAC 曲线的实证研究［J］．中国工业经济．2015，（9）：84－98.

［137］傅京燕，邹海英．碳价格对我国工业部门竞争力及减排效应［J］．科技管理研究，2017，37（7）：234－241.

［138］公欣．波恩气候大会将启　中国态度"非常明确"［N］．中国经济导报，2017－11－03.

［139］国家统计局，国家能源局．中国能源统计年鉴 2016［M］．北京：中国统计出版社，2016.

［140］韩一杰，刘秀丽．中国二氧化碳减排的增量成本测算［J］．管理评论，2010（6）：100－105.

［141］何建武，李善同．节能减排的环境税收政策影响分析［J］．数量经济技术经济研究，2009（1）：31－44.

［142］贺菊煌，沈可挺，徐嵩龄．碳税与二氧化碳减排的 CGE 模型［J］．数量经济技术经济研究，2002，19（10）：39－47.

［143］侯伟丽，吴亚芸，郑肖南．碳税的三重效应分析——碳税政策实施效应的比较［J］．中国环境管理，2016，8（3）：84－89.

［144］吉丹俊．中国省域二氧化碳边际减排成本估计：基于参数化的方法［J］．常州大学学报（社会科学版），2017，18（01）：52－62.

［145］今日早报．中国承诺 2030 年左右二氧化碳到达峰值［N］．碳排放交易网，2014－11－14.

［146］李桂芝，崔红艳，严伏林，等．全面两孩政策对我国人口总量结构的

影响分析 [J]. 人口研究, 2016, 40 (4): 52 – 59.

[147] 李凯杰, 曲如晓. 碳排放配额初始分配的经济效应及启示 [J]. 国际经济合作, 2012 (3): 21 – 24.

[148] 李陶, 陈林菊, 范英. 基于非线性规划的我国省区碳强度减排配额研究 [J]. 管理评论. 2010 (6): 54 – 60.

[149] 李岩岩, 兰玲, 陆敏. 碳税对工业企业节能减排影响的模拟分析 [J]. 统计与决策, 2017 (16): 174 – 177.

[150] 刘洁, 李文. 征收碳税对中国经济影响的实证 [J]. 中国人口·资源与环境, 2011, 21 (9): 99 – 104.

[151] 刘明磊, 朱磊, 范英. 我国省级碳排放绩效评价及边际减排成本估计: 基于非参数距离函数方法 [J]. 中国软科学, 2011 (3): 106 – 114.

[152] 刘楠峰, 范莉莉, 陈肖琳. 碳交易机制下以技术投入为导向的边际减排成本曲线研究——以水泥、火电、煤炭和钢铁行业为例 [J]. 中国科技论坛, 2017 (7): 57 – 63.

[153] 刘学之, 黄敬, 郑燕燕, 等. 碳交易背景下中国石化行业 2020 年碳减排目标情景分析 [J]. 中国人口·资源与环境, 2017, 27 (10): 103 – 114.

[154] 娄峰. 碳税征收对我国宏观经济及碳减排影响的模拟研究 [J]. 数量经济技术经济研究, 2014 (10).

[155] 吕可文, 苗长虹, 尚文英. 工业能源消耗碳排放行业差异研究——以河南省为例 [J]. 经济地理, 2012, 32 (12): 15 – 20.

[156] 潘勋章, 滕飞, 王革华. 不同碳排放权分配方案下各国减排成本的比较 [J]. 中国人口. 资源与环境, 2013, (12): 16 – 21.

[157] 任松彦, 戴瀚程, 汪鹏, 赵黛青, 增井利彦. 碳交易政策的经济影响: 以广东省为例 [J]. 气候变化研究进展, 2015, 11 (01): 61 – 67.

[158] 茹蕾. 能源与环境视角下中国制糖业经济效率研究 [D]. 中国农业大学, 2016.

[159] 时佳瑞. 基于 CGE 模型的中国能源环境政策影响研究 [D]. 北京化工大学, 2016.

[160] 宋杰鲲, 曹子建, 张凯新. 我国省域二氧化碳影子价格研究 [J]. 价格月刊, 2016 (9): 6 – 11.

[161] 苏东水. 产业经济学 (第二版) [M]. 高等教育出版社, 2005.

[162] 苏明, 傅志华, 许文, 王志刚, 李欣, 梁强. 碳税的国际经验与借鉴 [J]. 环境经济, 2009 (9): 28 – 32.

[163] 孙睿, 况丹, 常冬勤. 碳交易的"能源—经济—环境"影响及碳价合

理区间测算 [J] . 中国人口·资源与环境, 2014, 24 (7): 82 - 90.

[164] 孙振清, 张喃, 贾旭, 等. 中国区域碳排放权配额分配机制研究 [J] . 环境保护, 2014, 1: 44 - 46.

[165] 谭彦, 何建坤. 温室气体减排项目评估方法探讨 [J] . 重庆环境科学, 1999, 21 (2): 21 - 23.

[166] 涂正革, 谌仁俊. 传统方法测度的环境技术效率低估了环境治理效率? ——来自基于网络 DEA 的方向性环境距离函数方法分析中国工业省级面板数据的证据 [J] . 经济评论, 2013 (5): 89 - 99.

[167] 涂正革. 工业二氧化硫排放的影子价格: 一个新的分析框架 [J] . 经济学 (季刊), 2010, 9 (1): 259 - 282.

[168] 汪秋月. 基于参数化双曲距离函数模型的中国省级环境技术效率研究 [D] . 浙江大学, 2015.

[169] 王兵, 朱晓磊, 杜敏哲. 造纸企业污染物排放影子价格的估计——基于参数化的方向性距离函数 [J] . 环境经济研究, 2017, 2 (3): 79 - 100.

[170] 王灿, 陈吉宁, 邹骥. 基于 CGE 模型的 CO_2 减排对中国经济的影响 [J] . 清华大学学报 (自然科学版), 2005 (12): 1621 - 1624.

[171] 王丹舟, 王心然, 李俞广. 国外碳税征收经验与借鉴 [J] . 中国人口·资源与环境, 2018, 28 (S1): 20 - 23.

[172] 王金营, 戈艳霞. 全面二孩政策实施下的中国人口发展态势 [J] . 人口研究, 2016, 40 (6): 3 - 21.

[173] 王思斯. 基于随机前沿分析的二氧化碳排放效率及影子价格研究 [D] . 南京航空航天大学, 2012.

[174] 王鑫, 滕飞. 中国碳市场免费配额发放政策的行业影响 [J] . 中国人口·资源与环境, 2015, 25 (2): 129 - 134.

[175] 王志文, 张方. 我国开征碳税的碳减排效果分析 [J] . 沈阳工业大学学报 (社会科学版), 2012, 5 (1): 40 - 44.

[176] 魏楚. 中国城市 CO_2 边际减排成本及其影响因素 [J] . 世界经济, 2014, 37 (7): 115 - 141.

[177] 魏涛远等. 征收碳税对中国经济与温室气体排放的影响 [J] . 世界经济与政治, 2002 (8): 47 - 49.

[178] 吴洁, 范英, 夏炎, 等. 碳配额初始分配方式对我国省区宏观经济及行业竞争力的影响 [J] . 管理评论, 2015 (12): 18 - 26.

[179] 吴力波, 钱浩祺, 汤维祺. 基于动态边际减排成本模拟的碳排放权交易与碳税选择机制 [J] . 经济研究, 2014, 49 (9): 48 - 61.

［180］夏炎，范英．基于减排成本曲线演化的碳减排策略研究［J］．中国软科学，2012，255（3）：17－27.

［181］谢传胜，董达鹏，贾晓希，陈英杰．中国电力行业碳排放配额分配——基于排放绩效［J］．技术经济，2011，30（11）：57－62.

［182］邢贞成，王济干，张婕．行业异质下全国性碳交易市场定价研究——基于非参数 Meta－frontier DDF 动态分析模型［J］．软科学，2017，31（12）：124－128.

［183］许倩楠．基于省际面板数据的碳减排成本分析［D］．华北电力大学，2014.

［184］宣晓伟，张浩．碳排放权配额分配的国际经验及启示［J］．中国人口·资源与环境，2013，12：10－15.

［185］闫冰倩，乔晗，汪寿阳．碳交易机制对中国国民经济各部门产品价格及收益的影响研究［J］．中国管理科学，2017，25（7）：1－10.

［186］姚云飞，梁巧梅，魏一鸣．主要排放部门的减排责任分担研究：基于全局成本有效的分析［J］．管理学报，2012，9（8）：1239－1245.

［187］袁鹏，程施．我国工业污染物的影子价格估计［J］．统计研究，2011，28（9）：66－73.

［188］袁永娜，李娜，石敏俊．我国多区域 CGE 模型的构建及其在碳交易政策模拟中的应用［J］．数学的实践与认识，2016，46（3）：106－116.

［189］袁永娜，石敏俊，李娜，等．碳排放许可的强度分配标准与中国区域经济协调发展——基于 30 省区 CGE 模型的分析［J］．气候变化研究进展，2012，（1）：60－67.

［190］张明喜．我国开征碳税的 CGE 模拟与碳税法条文设计［J］．财贸经济，2010（3）：61－66.

［191］张蔚然．美国宣布应对气候变化新规，收紧重型车碳排放标准［N］．中心新闻网，2016－11－12.

［192］张新林，赵媛，王长建．基于投入—产出原理的新疆能源消费碳排放行业差异研究［J］．资源与产业，2017（1）：85－92.

［193］张益纲，朴英爱．世界主要碳排放交易体系的配额分配机制研究［J］．环境保护，2015，10：55－59.

［194］赵静．城市碳减排成本及其影响因素研究［D］．暨南大学，2017.

［195］赵静敏，赵爱文．碳减排约束下国外碳税实施的经验与启示［J］．管理世界，2016（12）：174－175.

［196］赵玉焕，范静文．碳税对能源密集型产业国际竞争力影响研究［J］．

中国人口·资源与环境, 2012, 22 (6): 45 – 51.

[197] 中华人民共和国国务院新闻办公室. 国家应对气候变化规划 (2014 ~ 2020 年) [N]. 国家发展和改革委员会, 2014 – 11 – 12.

[198] 周鹏, 周迅, 周德群. 二氧化碳减排成本研究述评 [J]. 管理评论, 2014, 26 (11): 20 – 27.

[199] 周晟吕, 石敏俊, 李娜, 袁永娜. 碳税政策的减排效果与经济影响 [J]. 气候变化研究进展, 2011, 7 (3): 210 – 216.

[200] 朱永彬, 刘晓, 王铮. 碳税政策的减排效果及其对我国经济的影响分析 [J]. 中国软科学, 2010 (4): 1 – 9.

后 记

  本书是作者 2017 年承担的国家社会科学基金项目"多情景模拟下统一碳交易对我国出口竞争力的传导效应评估与政策研究"（17BGL252）和教育部人文社会科学研究规划基金项目"中国碳配额交易机制情景模拟与福利效应测度"（16YJA790052）的阶段性研究成果。在过去两年多的研究时间里，作者搜集和整理了大量的文献资料与数据资料，在克服了理论研究和实证检验的重重困难之后，历经近一年的艰辛写作最终成书。此时，除了成果初成的欣慰之外，更多地是想感谢在本书撰写过程中为我提供无私帮助的朋友们。

  我的学生顾舒婷、张红杰、李春香、张汝可、林华兴、罗澍宇等在碳交易市场模型构建和数据分析过程中做了大量的基础性工作，提供了本书所必需的基础数据和研究工具。在这里，对于他们的辛勤工作，表示诚挚感谢！

  感谢华中师范大学涂正革教授，无私地提供自己的研究成果，让我们能够顺利完成非参数法估算二氧化碳影子价格的工作！

  感谢中国社会科学院数量经济与技术经济研究所娄峰研究员，为我们构建计量及低碳政策的 CGE 模型提供了关键性思路！

  本书是在参阅大量文献的基础上完成的，我在书中都尽可能地将主要文献附于其后，这里也对所有被参考和引用的作者们表示感谢！

  由于本人研究能力和研究经验不足，同时受制于数据、模型局限等原因，在书中也留下了很多遗憾和缺陷之处，心下惶恐，总觉得愧对朋友们的帮助和付出。为了能够弥补一二，未来我将继续不懈耕耘，也热忱希望读者朋友和同行朋友们提出宝贵意见。

作 者
2019 年 8 月